Lukasz Niedzwiecki

Typowe problemy w eksploatacji blokow gazowo-parowych zintegrowanych ze zgazowaniem biomasy

GRIN Verlag

Bibliografische Information der Deutschen Nationalbibliothek:

Die Deutsche Bibliothek verzeichnet diese Publikation in der Deutschen Nationalbibliografie; detaillierte bibliografische Daten sind im Internet über http://dnb.d-nb.de/ abrufbar.

Imprint:

Druck und Bindung: Books on Demand GmbH, Norderstedt Germany
ISBN: 978-3-656-19997-7

This book at GRIN:

http://www.grin.com/en/e-book/194173/typowe-problemy-w-eksploatacji-blokow-gazowo-parowych-zintegrowanych-ze

Łukasz Niedźwiecki

„Typowe problemy w eksploatacji bloków gazowo-parowych zintegrowanych ze zgazowaniem biomasy"

Spis treści:

1. Wprowadzenie do tematyki pracy

W chwili obecnej wielu specjalistów podnosi w Polsce problem zbliżającej się wielkimi krokami śmierci technicznej znacznej części mocy produkcyjnych w sektorze elektroenergetycznym. Moce te trzeba będzie odbudować w ten czy inny sposób, gdyż w przeciwnym wypadku w kraju mogą wystąpić poważne niedobory zaopatrzenia energii elektrycznej z całkowitym blackoutem Krajowego Systemu Elektroenergetycznego włącznie.

W dłuższym horyzoncie czasowym, w Polsce podobnie jak i na całym świecie, na znaczeniu będą zyskiwać odnawialne źródła energii (w skrócie OZE). Do odnawialnych źródeł energii zaliczyć można także biomasę. Odnawialne źródła energii muszą obecnie konkurować z paliwami kopalnymi. Wsparciem dla ich wykorzystania jest prowadzona obecnie polityka promowania OZE. Jest ona wypadkową dwóch czynników: teorii mówiącej o antropologicznym charakterze mającego miejsce obecnie ocieplenia klimatu oraz powolnego wyczerpywania się zasobów paliw kopalnych na ziemi. Wpływ czynników antropologicznych na ocieplenie klimatu bywa przez niektóre środowiska podważany, zaś nowe technologie wydobywcze pozwalają ludziom uzyskiwać dostęp do zasobów do tej pory nieuwzględnianych w dotychczasowych zestawieniach. Paliwa kopalne zyskały na popularności dzięki stosunkowo dużej gęstości energii w przeliczeniu na jednostkę masy, co przekłada się na koszty wydobycia i transportu. Konwersja energii chemicznej związanej w tych paliwach jest stosunkowo łatwa, zaś technologie są bardzo dojrzałe. Jest to spowodowane faktem wykorzystywania paliw kopalnych z coraz większą intensywnością przez wiele dziesięcioleci (od czasu tzw. „rewolucji przemysłowej") co spowodowało, że pod względem możliwości optymalizacji dotarły one, odnosząc się do znanego w ekonomii pojęcia krzywej uczenia się (krzywej doświadczeń), w pobliże swojego maksimum. Polityka wsparcia dla OZE ma na celu przyspieszenie zmiany tej krzywej w czasie dla technologii OZE aby osiągnąć pewne korzyści środowiskowe oraz złagodzić mający wystąpić, prędzej czy później, szok cenowy związany z istotnymi ograniczeniami w dostępności paliw kopalnych.

Niezależnie od perspektywy czasowej, w jakiej zrealizują się, w mniejszym bądź większym stopniu, powyższe założenia, wspomniane mechanizmy wsparcia istnieją i mogą mieć istotny wpływ w procesie decyzyjnym dla inwestycji w energetyce. Inwestycja taka musi uwzględniać obecne realia i musi być uzasadniona ekonomicznie.

Zarówno z ekonomicznego, ekologicznego, jak i termodynamicznego punktu widzenia celowym wydaje się zastosowanie rozwiązań kogeneracyjnych.

Kogenerację można zdefiniować jako skojarzone wytwarzanie dwóch produktów - ciepła i energii elektrycznej - są to formy energii użytecznej. Wytwarzanie to odbywa się poprzez konwersję pierwotnej energii chemicznej zawartej w paliwie. Najczęściej energia elektryczna powstaje (najczęściej) poprzez konwersję energii mechanicznej przy użyciu generatora. Sama energia mechaniczna zaś generowana jest przez cieplną maszynę przepływową. Ciepło jest zaś produktem ubocznym. Generowanie energii w taki sposób nazywamy gospodarką skojarzoną. Kogeneracja często określana jest skrótem CHP (ang. Combined Heat and Power - Skojarzone ciepło i moc).

W odróżnieniu od gospodarki skojarzonej energie można generować także przy pomocy gospodarki rozdzielonej. W takim wypadku wytwarzanie podporządkowane jest wyłącznie zapotrzebowaniu na jeden rodzaj energii użytecznej.

Podstawową zaletą gospodarki skojarzonej, w stosunku do gospodarki rozdzielonej, jest oszczędność energii pierwotnej (*Wykres 1.1*).

Wykres 1.1 - Porównanie rozdzielonego i skojarzonego wytwarzania energii elektrycznej i ciepła (R. Bartnik, 2011)

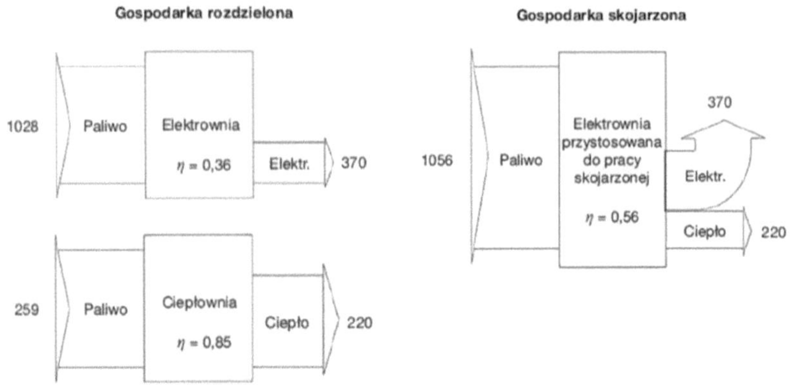

Na szczególną uwagę zasługuje sformułowane w dyrektywie Unii Europejskiej pojęcie wysokosprawnej kogeneracji (Komisja Europejska - 2004/8/EC). Definiuje ona wysokosprawną kogenerację jako taką formę gospodarki skojarzonej, która prowadzi przynajmniej do 10% oszczędności energii pierwotnej w stosunku do gospodarki rozdzielonej wytwarzającej tę samą ilość energii użytecznej.

2. Biomasa

Istnieje wiele różnych definicji biomasy. Na potrzeby niniejszej pracy najwygodniej przyjąć oficjalną definicję biomasy zamieszczoną w aktach prawnych RP. Naturalnym powodem przyjęcia takiej definicji jest jej późniejsze wykorzystanie w odniesieniu do obowiązujących systemów wsparcia.

Biomasa — **(Ministerstwo Gospodarki, 2010)** stałe lub ciekłe substancje pochodzenia roślinnego lub zwierzęcego, które ulegają biodegradacji, pochodzące z produktów, odpadów i pozostałości z produkcji rolnej oraz leśnej, a także przemysłu przetwarzającego ich produkty, a także części pozostałych odpadów, które ulegają biodegradacji, oraz ziarna zbóż niespełniające wymagań jakościowych dla zbóż w zakupie interwencyjnym określonych w art. 4 rozporządzenia Komisji (WE) nr 687/2008 z dnia 18 lipca 2008 r. ustanawiającego procedury przejęcia zbóż przez agencje płatnicze lub agencje interwencyjne oraz metody analizy do oznaczania jakości zbóż (Dz. Urz. UE L 192 z 19.07.2008, str. 20) i ziarna zbóż, które nie podlegają zakupowi interwencyjnemu.

We wszystkich definicjach biomasy, łącznie z powyższą, wspólnym mianownikiem dla biomasy jest jej organiczne pochodzenie oraz możliwość jej degradacji przez inne organizmy żywe. Jest to ważne rozróżnienie, zwłaszcza w kontekście faktu organicznego pochodzenia paliw kopalnych.

Główną zaletą zastosowania biomasy na cele energetyczne jest jej neutralność pod względem emisji dwutlenku węgla do atmosfery. Wprawdzie proces spalania biomasy generuje emisję CO_2 do atmosfery, jednakże biomasa do swojego wzrostu wykorzystuje dwutlenek węgla pobrany z atmosfery. Biomasa należy do grupy zasobów energetycznych typu kapitałowego **(ONZ, 2000)**. Korzystanie z tego zasobu jest analogiczne do wykorzystywania odsetek z kapitału ulokowanego w banku. Bilans jest zerowy tak długo, jak długo biomasa jest wykorzystywana wg. zasad gospodarki zrównoważonej, czyli gdy nie są spalane większe ilości biomasy niż mogą w określonym okresie czasu wyrosnąć. W odróżnieniu jednak od kapitału w banku biomasa nie może rosnąć w nieskończoność i po pewnym czasie jej nadmiar staje się składnikiem litosfery (węgiel).

Biorąc pod uwagę przydatność biomasy do konkretnej technologii konwersji energii największe znaczenie mają jej parametry fizyko-chemiczne. Determinują one możliwość zastosowania konkretnych technologii, logistykę paliwową (obejmującą zarówno pozyskanie, transport jak i ew. późniejszą konwersję paliwa w celu jego przystosowania lub polepszenia parametrów na potrzeby konkretnej technologii) oraz kontrolę wpływu danej technologii konwersji na środowisko (emisja, ścieki, odór).

Najbardziej istotne z punktu widzenia stosowanych technologii są:

- **Wilgotność** - jest to stosunek masy wody zawartej w biomasie do masy samej biomasy (wielkość bezwymiarowa). Wyróżnia się dwa rodzaje **(Sims, 2002)**:

  - Wilgotność w odniesieniu do biomasy wilgotnej (ang. wet basis):

$$mc_{wb} = \frac{m_{H_2O}}{m_{sucha} + m_{H_2O}} \quad [\%] \qquad (2.1)$$

gdzie:
m_{sucha} - masa biomasy suchej
m_{H_2O} - masa wody

➢ Wilgotność w odniesieniu do biomasy suchej (ang. dry basis):

$$mc_{db} = \frac{m_{H_2O}}{m_{sucha}} \; [\%] \qquad (2.2)$$

Częściej wykorzystywaną wielkością jest wilgotność w odniesieniu do biomasy masy wilgotnej. Jest ona także wielkością bardziej intuicyjną w użyciu. Parametr ten ma znaczenie zasadnicze w przypadku konwersji energii zawartej w biomasie, gdyż woda jest składnikiem niepalnym, zaś przemiana fazowa z cieczy w gaz pochłania pewną ilość energii.

- **Zawartość części lotnych** - (wielkość bezwymiarowa) mówi na o tym jaka część stałej substancji organicznej jest w stanie, pod wpływem doprowadzonego ciepła, zamienić się w gaz (palny). Parametr ten jest niezwykle istotny w przypadku reakcji zgazowania. Ma on też swoją wagę w procesach spalania, gdyż różnice w zawartości części lotnych paliw zmieniają w pewnym zakresie obciążenia cieplne w komorze spalania.

Wykres 2.1 - Udział masowy wodoru i węgla oraz części lotnych dla biomasy (drewno), węgla kamiennego oraz brunatnego (J.Richardson, 2002) *oraz ich wpływ na ciepło spalania*

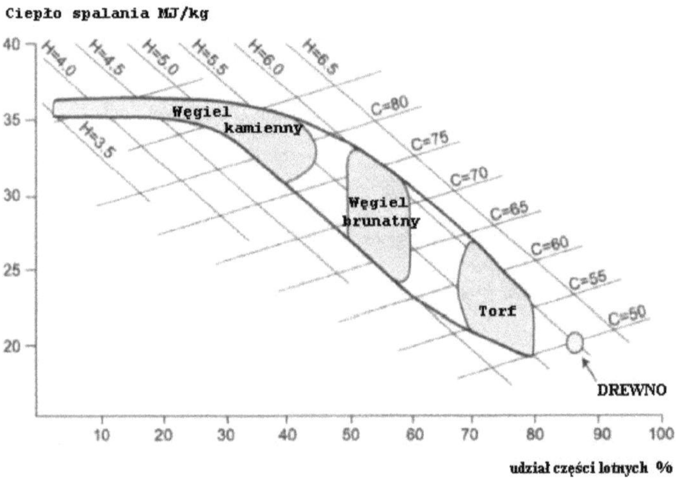

- **Zawartość popiołu** (frakcja mineralna) - (wielkość bezwymiarowa) jest to masa substancji nieorganicznych (niepalnych) zawartych w biomasie. Wysoka zawartość popiołu obniża energię chemiczną w przeliczeniu na jednostkę masy. Wysoka zawartość popiołów znacząco wpływa na emisję pyłów (cząstek stałych).

Wykres 2.2 - Termogram przedstawiający ubytek masy drewna na skutek odgazowania części lotnych w zależności od temperatury procesu (Rybak, 2006)

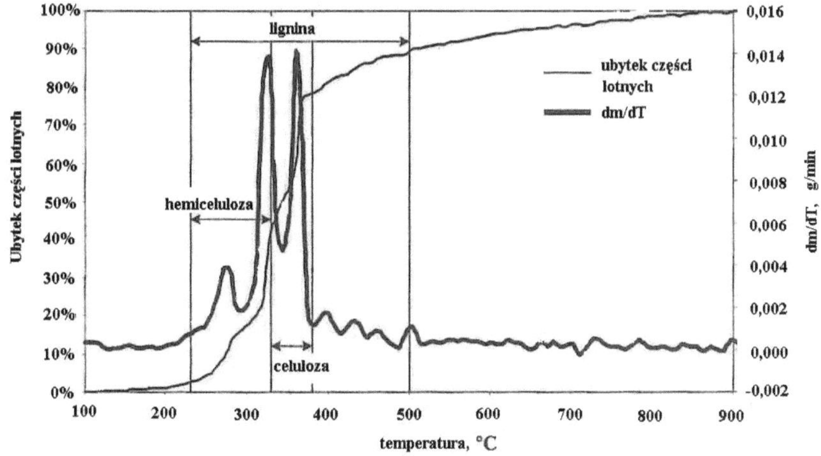

- **Skład pierwiastkowy** - to zawartość poszczególnych pierwiastków w biomasie. Substancje wchodzące w skład biomasy to w większości polimery cząsteczek cukrów prostych (najczęściej glukozy). Składają się one z trzech pierwiastków: węgla (*C*), wodoru (*H*) i tlenu (*O*). Węgiel wchodzi zarówno w skład części lotnych jak i w karbonizat, który spala się w postaci stałej. W skład frakcji mineralnej wchodzą w większości wypadków substancje odżywcze niezbędne do życia roślin (składniki nawozów chemicznych) takie jak: potas (*K*), sód (*Na*), fosfor (*P*), wapń (*Ca*)oraz magnez (*Mg*). Zwykle frakcja mineralna ma udział masowy znacznie mniejszy niż część organiczna. Biomasa może zawierać także pewne ilości siarki (*S*) i azotu (*N*), chloru (*Cl*) oraz stosunkowo niewielkie ilości tzw. pierwiastków śladowych (np. żelazo, rtęć, ołów, itp.), których udział rośnie w zanieczyszczonym środowisku.

Skład pierwiastkowy wpływa na właściwości biomasy, niezwykle ważne w kontekście konwersji energii takie jak:

- *Temperatura mięknięcia popiołów* - jest to temperatura, w której substancja mineralna zbliża się do stanu w którym zmienia stan skupienia ze stałego na ciekły. Może to prowadzić do nadmiernego szlakowania, popielenia lub aglomeracji (w skrajnych przypadkach defluidyzacji złoża) w zależności od zastosowanej technologii.
- *Emisje substancji szkodliwych dla środowiska* - np. tlenków siarki i tlenków azotu.
- *Osadzanie się* - sole eutektyczne (głównie chlorki) metali alkalicznych (sód i potas) przy temperaturach rzędu 700 °C odparowują zaś gdy temperatura spalin nieco spada tworzą biały osad (np. na powierzchniach ogrzewalnych kotła, łopatkach turbiny gazowej). Intensywność powstawania osadu zależy od stosunku siarki do chloru w paliwie (*S/Cl*) (Kordylewski, 2008).

o *Właściwości korozyjne* (Kordylewski, 2008), (Rybak, 2006):

❖ <u>niskotemperaturowa</u> - spowodowana wykraplaniem się związków siarki o właściwościach silnie korozyjnych, gdy temperatura spalin spada poniżej punktu rosy.

❖ <u>wysokotemperaturowa</u> - spowodowana działaniem metali alkalicznych. Sprzyjające warunki tworzy ww. powstawanie osadu oraz obecność atmosfery redukcyjnej (*Rys 2.1 i 2.2*):
  - korozja siarczanowo-siarkowa
  - korozja chlorkowa - mechanizm aktywnego utleniania

Rys. 2.1 - Mechanizm aktywnego utleniania w korozji chlorkowej (Kordylewski, 2008)

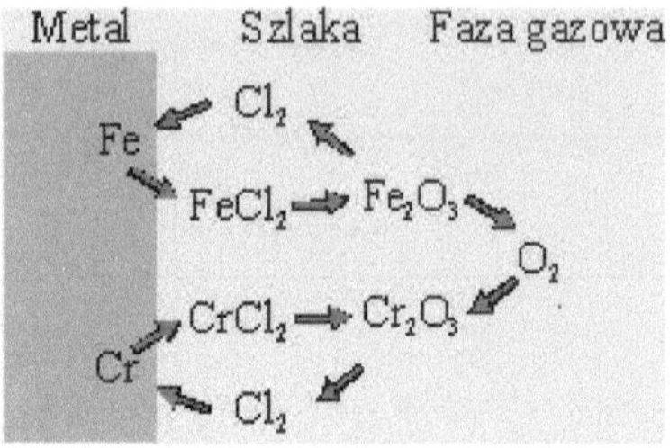

Rys. 2.2 - Oddziaływanie chloru ze związkami sodu i potasu na powierzchni rur (Rybak, 2006)

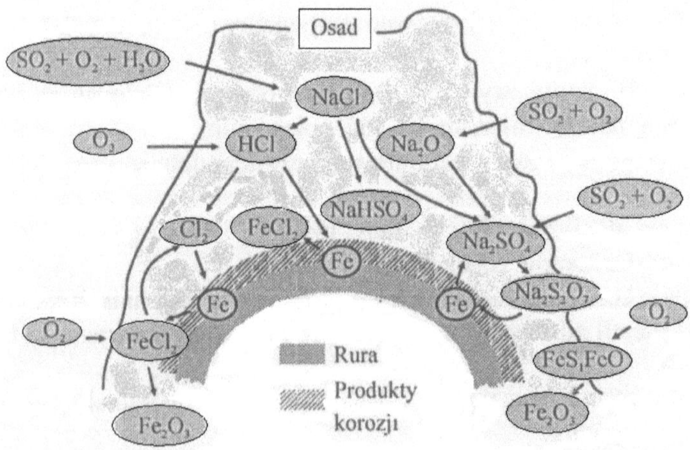

- **Ciepło spalania i wartość opałowa** - te parametry związane są z parametrami wymienionymi poprzednio.

    - Ciepło spalania Q_s to ilość energii jaką można uzyskać w wyniku przeprowadzenia reakcji całkowitego i zupełnego spalania paliwa. Można stwierdzić, że ciepło spalania zależne jest od udziału w biomasie substancji palnych i ich entalpii tworzenia. Wpływ ma także udział substancji niepalnych (substancja mineralna). Ich obecność sprawia, że w przeliczeniu na jednostkę paliwa, udział substancji palnych jest mniejszy. Ciepło spalania można oszacować na podstawie udziałów pierwiastków palnych, wykorzystując formułę Milnego **(Chmielniak, 2008)**:

$$\boldsymbol{Q_s = 34,1 \cdot f_C + 132,2 \cdot f_H - 12,0 \cdot f_O - 12,0 \cdot f_N + 6,86 \cdot f_S - 1,53 \cdot f_{min}} \quad (2.3)$$

gdzie:
f_C - udział masowy węgla
f_H - udział masowy wodoru
f_O - udział masowy tlenu
f_N - udział masowy azotu
f_H - udział masowy siarki
f_{min} - udział masowy substancji mineralnej

    - Wartość opałowa W_d także mówi o ilości energii jaką można uzyskać w reakcji spalania. Uwzględnia ona jednak ciepło jakie zostanie pochłonięte w trakcie odparowania zawartej w paliwie wody.

      Dla znacznej części typów biomasy (pochodzenia roślinnego) można przyjąć uproszczony wzór na jej wartość opałową **(Sims, 2002)**:

$$\boldsymbol{W_d = 18,0 \cdot (1 - f_{min} - f_w) - 2,679 \cdot f_w \; \left[{}^{MJ}/_{kg}\right]} \quad (2.4)$$

gdzie:
f_w - wilgotność (udział masowy wody)

Wzór ten ma ograniczoną stosowalność, jest on prawdziwy jedynie dla biomasy o znacznym udziale celulozy (18,0 MJ/kg - ciepło spalania celulozy).

Dużo większą dokładność obliczeń można osiągnąć stosując wzór:

$$W_d = Q_s \cdot (1 - f_w) - 2{,}447 \cdot \big(f_w - 9{,}01 \cdot f_H(1 - f_w)\big) \quad (2.5)$$

Parametry wymienione powyżej są często bardzo zróżnicowane, nawet w obrębie określonego rodzaju biomasy. Jednak stosując klasyfikacje opartą na określonych zasadach można znaleźć wspólny mianownik pozwalający zaklasyfikować biomasę do kilku grup. Na podstawie tej przynależności można przewidzieć przedział, w którego granicach będą oscylować parametry biomasy. Pewnym wyróżnikiem wydaje się być biocenoza, z której pochodzą organizmy żywe tworzące dany typ biomasy.

Pochodzenie biomasy oraz właściwa logistyka paliwowa mogą mieć znaczący wpływ na jej na parametry pozyskanego surowca. Parametry te maja z kolei wpływ na dobór urządzeń dla bloku. Ponadto długotrwały niedobór dostarczanego paliwa, ze względu na specyfikę obiektu tj. produkcję ciepła na potrzeby (między innymi) gospodarstw domowych jest niedopuszczalny. Celowym jest zatem przeprowadzenie oceny dostępności biomasy na cele energetyczne (Sims, 2002). Ze względu na właściwości biomasy omówione wcześniej zasadnym wydaje się przeprowadzenie analizy w odniesieniu do konkretnej proponowanej lokalizacji bloku a nie ogólnie dla całego kraju.

Na Dolnym Śląsku najlepszym potencjalnym źródłem biomasy dla hipotetycznego bloku gazowo-parowego wydają się być odpady pochodzące z gospodarki leśnej. Biomasa tego typu pozyskiwana jest w sposób zrównoważony, pod warunkiem prowadzenia zrównoważonej gospodarki leśnej (*Dodatek A*). Warunek ten jest spełniony, gdyż pozyskanie grubizny na terenie województwa dolnośląskiego wynosi 5,12 $m^3/_{ha}$ lasu (GUS, 2010), zaś średni przyrost grubizny wynosi ok. 6,95 $m^3/_{ha}$ lasu (Regionalna Dyrekcja Lasów Państwowych, 2003). Przy odpowiedniej logistyce paliwowej, zintegrowanej z innymi gałęziami gospodarki leśnej pozyskanie tego typu biomasy można uznać za bezpieczne dla ekosystemu lasu także pod względem utrzymania niezbędnej ilości składników odżywczych zawartych w humusie. Na pewien nadmiar występujący obecnie w tym zakresie (nadmiar substancji organicznej) może wskazywać częstotliwość i skala pożarów lasów. Bezpieczeństwo dla ekosystemu leśnego mogłoby zostać podniesione także poprzez implementację recyrkulacji popiołów pochodzących ze spalania (lub zgazowania) biomasy do systemu gospodarki leśnej (J.Richardson, 2002).

Innym źródłem, które cechuje się wyższą dostępnością niż odpady z gospodarki leśnej jest słoma (*Dodatek A*). Nie jest to jednak ze względów technologicznych preferowane źródło biomasy, choć odpowiednia gospodarka rolna może prowadzić do częściowej poprawy sytuacji (słoma żółta pozostawiona na polu zamienia się w słomę szarą o lepszych parametrach - niższej zawartości chloru).

Odpady komunalne są interesującym źródłem energii z ekonomicznego punktu widzenia, gdyż konieczność ich utylizacji może prowadzić do osiągnięcia ujemnych kosztów paliwa (Sims, 2002), (Rosillo-Calle, 2007). Niestety analiza wykazuje niedostateczną ilość paliwa dla zakładanej mocy cieplnej bloku, choć istnieje możliwość wykorzystania odpadów komunalnych wspólnie z innym źródłem biomasy. Istotna przeszkodą są także niekorzystne parametry tego paliwa (wysoka zawartość metali ciężkich) (*Dodatek A*), co utrudnia kontrolę emisji (wysoka zawartość chloru promuje powstawanie dioksyn - (J. Rezaiyan, 2005)).

3. Blok gazowo-parowy w układach BIGCC

Układy gazowo-parowe to układy kombinowane. Oznacza to że układ jako całość realizuje (co najmniej) dwa obiegi termodynamiczne (*Rys. 3.1*). Układy gazowo-parowe należą do hierarchicznych układów energetycznych, tzn. obiegi muszą być realizowane w określonej kolejności. Kolejność ta zdeterminowana jest w głównej mierze wykorzystywanymi czynnikami obiegowymi, ich właściwościami oraz parametrami stanu w poszczególnych punktach realizowanego obiegu.

Rys. 3.1 - Ogólna struktura technologiczna prostego, szeregowego układu gazowo-parowego oraz przedstawienie obiegu termodynamicznego na wykresie T-s (wykres ciepła): TG - turbina gazowa, S - sprężarka, G - generator, TP - turbina parowa, KS - komora spalania, SK - skraplacz, OD - odgazowywacz, PZ - pompa wody zasilającej, KO- kocioł odzyskowy, UTG - teoretyczny obieg turbiny gazowej (obieg Braytona-Armengauda), UTP - obieg Clausiusa-Rankina, $\dot{Q}_p$*- strumień ciepła przekazany w kotle odzyskowym do obiegu parowego, P - paliwo* (Chmielniak, 2008)

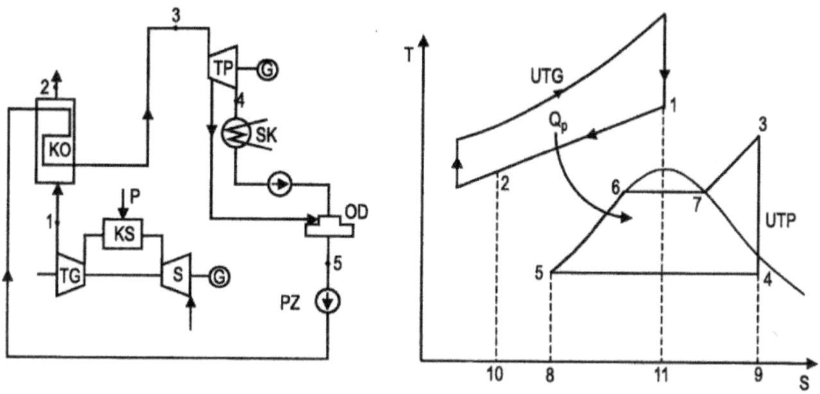

Układ gazowo-parowy jest połączeniem otwartego układu gazowego i zamkniętego układu parowego (Chmielniak, 2008):

- **Układ otwarty** - czynnik roboczy pobierany jest z otoczenia i po wykonaniu wszystkich przemian w obiegu do tego otoczenia powraca (istnieje przepływ masy przez osłonę bilansową).

- **Układ zamknięty** - czynnik roboczy realizuje przemiany termodynamiczne w obrębie zamkniętego konturu (brak przepływu masy przez osłonę bilansową).

W przypadku układu gazowo-parowego w części gazowej czynnikiem roboczym jest powietrze które realizuje przemiany termodynamiczne w turbinie gazowej. Gdyby ograniczyć układ jedynie do części otwartej (obieg turbiny gazowej) część entalpii czynnika roboczego (entalpia spalin) byłaby bezpowrotnie tracona w momencie gdy powraca on z powrotem do otoczenia. Zastosowanie układu parowego jako drugiego układu w hierarchii sprawia, że istnieje możliwość wygenerowania dodatkowej ilości energii elektrycznej.

Idealny silnik cieplny realizuje obieg Carnota co stanowi górne ograniczenie sprawności takiej maszyny. Połączenie obiegu gazowego i parowego prowadzi do karnotyzacji obiegu czyli przybliżenia obiegu maszyny do obiegu idealnego co oznacza w praktyce większą sprawność konwersji energii w takiej maszynie. Jest to pożądane zarówno ze względów ekonomicznych jak i ekologicznych wspomnianych we wstępie.

❖ Część gazowa (układ turbiny gazowej) składa się z następujących urządzeń (*Rys. 3.1*):

- sprężarka (S)
- komora spalania (KS)
- turbina gazowa (TG)

W skład turbozespołu turbiny gazowej wchodzi także generator (G). Jest to jednak maszyna elektryczna służąca do generowania energii elektrycznej i nie ma ona wpływu na przemiany czynnika roboczego a jedynie korzysta z pracy użytecznej przekazanej poprzez wał napędowy.

Układ turbiny gazowej realizuje obieg porównawczy Braytona-Armengauda. Obieg ten złożony jest z następujących przemian termodynamicznych (Szargut, 2010):

- adiabatyczne sprężanie - sprężarka (S)
- izobaryczne podgrzewanie (spalanie - doprowadzenie ciepła) - komora spalania (KS)
- adiabatyczne rozprężanie - turbina gazowa (TG)
- izobaryczne ochładzanie (odprowadzenie ciepła)

W przypadku układu otwartego turbiny gazowej ochładzanie spalin dokonuje się dzięki ich wymieszaniu z chłodniejszym powietrzem zewnętrznym. W przypadku układu gazowo parowego ochładzanie spalin rozpoczyna się w kotle odzyskowym (KO).

❖ Część parowa (układ turbiny parowej) składa się z następujących urządzeń (*Rys. 3.1*):

- kocioł odzyskowy (KO)
- turbina parowa (TP)
- skraplacz (SK)
- pompa wody zasilającej (PZ)

W skład układu turbiny parowej (*Rys. 3.1*) wchodzi także odgazowywacz (OD). Nie jest on niezbędny dla funkcjonowania układu lecz jego stosowanie jest podyktowane względami technicznymi.

Układ turbiny parowej realizuje obieg porównawczy Clausiusa-Rankina. Obieg ten składa się z następujących przemian termodynamicznych (Szargut, 2010):

- izobaryczne podgrzewanie i parowanie (doprowadzenie ciepła) - kocioł odzyskowy (KO)
- izentropowe rozprężanie - turbina parowa (TP)
- izobaryczne ochładzanie (odprowadzenie ciepła) - skraplacz (SK)

W obiegu odbywa się także przemiana polegająca na sprężaniu cieczy w pompie zasilającej. Odbywa się ona przy stosunkowo niewielkim przyroście ciśnień i temperatury, więc jej wpływ uznawany jest za pomijalnie mały (Szargut, 2010).

4. Zgazowanie paliw stałych

Zgazowanie paliwa jest metodą jego konwersji z paliwa stałego na gazowe (*Rys. 4.1*). Proces ten polega na przeprowadzeniu w reaktorze ciągu reakcji chemicznych (*Tab. 4.1*), w wyniku których powstają m.in. gazy palne, mogące następnie służyć jako paliwo. Proces zgazowania jako całość jest endotermiczny tzn. do jego przeprowadzenia potrzebne jest dostarczenie ciepła. Ciepło może być dostarczone spoza reaktora (proces allotermiczny) lub uzyskane w reaktorze poprzez częściowe spalenie substratów (proces autotermiczny).

W praktyce można uznać, że zgazowanie to spalanie przeprowadzone przy stechiometrycznym niedoborze utleniacza. Niektóre reakcje w procesie zgazowania są egzotermiczne (ich entalpia tworzenia jest ujemna - *Tab. 4.1*) lecz na proces jako całość największy wpływ mają endotermiczne reakcje pierwotne (reakcje nr 1; 2; 3 - *Tab. 4.1*).

Rys. 4.1 - Zgazowanie paliw stałych - schemat (J. Rezaiyan, 2005)

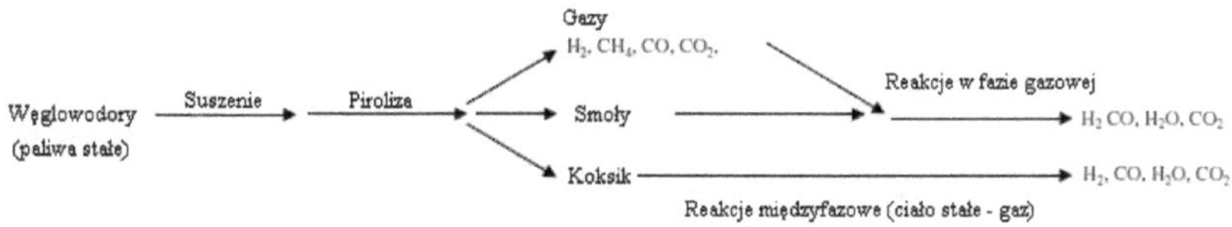

Tab. 4.1 - Reakcje zachodzące w trakcie procesu zgazowania paliwa stałego (Kordylewski, 2008)

l.p.	Reakcja	Równanie	Entalpia tworzenia [kJ/mol]
		Reakcje pierwotne	
1	Otrzymywanie gazu wodnego	$C + H_2O \rightarrow CO + H_2$	131,0
2	Reakcja Bouduarda	$C + CO_2 \rightarrow 2CO$	172,5
3	Częściowe utlenianie	$C + 2H_2O \rightarrow CO_2 + 2H_2$	88,8
4	Reakcja hydrozgazowania	$C + 2H_2 \rightarrow CH_4$	- 78,0
5	Niepełne spalanie	$C + {}^1/_2\, O_2 \rightarrow CO$	- 110,0
		Reakcje wtórne	
	Konwersja CO parą wodną	$CO + H_2O \rightarrow CO_2 + H_2$	- 41,0
6	Metanizacja	$CO + 3H_2 \rightarrow CH_4 + H_2O$	- 206,4
7	Metanizacja	$CO_2 + 4H_2 \rightarrow CH_4 + 2H_2O$	- 165,5
		Reakcje spalania	
9	Spalanie koksu	$C + O_2 \rightarrow CO_2$	- 393,5
10	Spalanie CO	$CO + {}^1/_2\, O_2 \rightarrow CO_2$	- 282,1
11	Spalanie wodoru	$H_2 + {}^1/_2\, O_2 \rightarrow H_2O$	- 240,1

Proces zgazowania paliw stałych odbywa się w kilku etapach zaś reagenty reagują ze sobą w fazie gazowej bądź w też reakcja zachodzi pomiędzy fazą stałą a gazową (*Rys.4.4*). Proces suszenia nie zawsze realizowany jest wewnątrz reaktora. Dostarczenie ciepła do reaktora powoduje zajście reakcji pirolizy w wyniku której paliwo stałe ulega rozpadowi na części stałe, smoły (ciekłe) oraz na gazy.

Powstawanie gazów zdeterminowane jest zawartością części lotnych w paliwie stałym. W zależności od dostarczonego paliwa w skład gazów mogą wchodzić między innymi: H_2O, H_2, N_2, O_2, CO_2, CO, CH_4, H_2S, NH_3, C_2H_6 oraz niewielkie ilości acetylenu, olefin i węglowodorów aromatycznych (J. Rezaiyan, 2005).

Przebieg poszczególnych reakcji oraz natężenie zależą od podstawowych parametrów procesu takich jak: stężenie czynnika zgazowującego (utleniacz, para wodna), temperatura procesu, ciśnienie procesu, skład paliwa. Od tych parametrów zależy skład gazu co pociąga za sobą możliwości jego wykorzystania w określonych technologiach konwersji energii oraz poziom emisji zanieczyszczeń. Różne technologie zgazowania dają różne możliwości prowadzenia procesu i regulacji jego parametrów.

Kinetyka chemiczna reakcji zachodzących w trakcie procesów zgazowania nie jest jeszcze w sposób całkowity i ostateczny opisana i wyjaśniona. Jednakże na podstawie przeprowadzonych eksperymentów oraz uzyskanych w nich danych dla różnych stanów równowagi można stwierdzić istnienie następujących zależności (J. Rezaiyan, 2005):

- formowanie się CH_4 zmniejsza się wraz ze wzrostem temperatury i wzrasta wraz ze wzrostem ciśnienia procesu
- formowanie się CO i H_2 nasila się wraz ze wzrostem temperatury i spadkiem ciśnienia. Maksymalne stężenie CO i H_2 można osiągnąć dla procesu przebiegającego przy ciśnieniu atmosferycznym i temperaturze w granicach 800 °C do 1000 °C.
- stężenie CO_2 rośnie wraz ze wzrostem ciśnienia i ostro maleje wraz ze wzrostem temperatury
- przy wykorzystaniu dwóch czynników zgazowujących (utleniacz + para wodna) wzrost ilości pary wodnej w stosunku do utleniacza wspomaga powstawanie H_2 i CH_4 zaś wzrost ilości utleniacza wspomaga powstawanie CO i CO_2

Sprawność procesu zgazowania oblicza się wg. następującej formuły:

$$\eta_{zgaz.} = \frac{W_d^{gaz} \cdot \Phi_{gaz}}{W_d^{biom} \cdot \Phi_{biom}} \tag{4.1}$$

gdzie:

W_d^{biom} - wartość opałowa biomasy
W_d^{gaz} - wartość opałowa gazu
Φ_{gaz} - jednostkowy strumień gazu (na jednostkę gazu)
Φ_{biom} - jednostkowy strumień biomasy (na jednostkę biomasy)

5. Reaktory zgazowujące biomasę - przegląd technologii

Zasady jakimi rządzi się proces zgazowania (pkt. 4) są takie same dla różnych reaktorów. Jako czynnik zgazowujący może zostać wykorzystane powietrze, tlen lub para wodna (ew. ich kombinacja). Różnice pomiędzy poszczególnymi typami reaktorów polegają przede wszystkim na dostarczeniu czynnika zgazowującego do strefy reakcji co wiąże się przekłada się na sprawność konwersji w reaktorze oraz na parametry procesu a tym samym na skład gazu. Poszczególne typy reaktorów oferują różne możliwości kontroli procesu zaś osiągane przez nie parametry gazu określają ich predyspozycje względem różnych technologii oczyszczania gazu . Przebieg samego procesu zgazowania może mieć także znaczący wpływ na niektóre zanieczyszczenia obecne z gazie, w szczególności pyły i smoły.

Literatura wyróżnia trzy podstawowe typy reaktorów zgazowujących (zgazowarek) (Kordylewski, 2008), (J. Rezaiyan, 2005), (F. Lettner, 2007), (Quaak, 1999):

- reaktory ze złożem stałym (ang. fixed bed)
- reaktory ze złożem fluidalnym
- reaktory pyłowe (ang. entrained flow)

Złoże w reaktorach ze złożem stałym jest określane w ten sposób, gdyż poszczególne jego strefy są ulokowane względem siebie w stałej kolejności oraz ich rozmiar jest względnie stały (istnieją drobne wahania w zależności od konstrukcji i sposobu prowadzenia urządzenia). Materiał złoża jest jednak ruchomy i przemieszcza się względem zgazowarki poprzez kolejne jej strefy. Poszczególne rodzaje reaktorów ze złożem stałym charakteryzowane są na podstawie relatywnego kierunku w jakim przemieszcza się gaz względem zgazowywanego paliwa stałego (biomasy). Reaktory ze złożem stałym osiągają stosunkowo niewielkie moce (wyjściowa moc gazu) rzędu 1 MW, gdyż ich konstrukcja, przy zbyt dużym reaktorze, uniemożliwia efektywne dostarczanie czynnika zgazowującego w cały przekroju złoża. Z tego względu duże instalacje miałyby zbyt niskie sprawności konwersji paliwa.

Gaz pochodzący właściwie z każdego typu reaktora wymaga oczyszczenia jednak różne typy reaktorów oferują różne możliwości zarówno w zakresie wytwarzanego gazu, poziomu zanieczyszczeń oraz ich kontroli.

Reaktory różnią się pomiędzy sobą także pod względem mocy dostępnych na rynku rozwiązań oraz możliwości pracy pod niepełnym obciążeniem.

REAKTORY ZE ZŁOŻEM STAŁYM

Reaktory ze złożem stałym można podzielić na kilka podtypów (F. Lettner, 2007), (Quaak, 1999):

- reaktor współprądowy (ang. cocurent/downdraft)

Rys. 5.1 - Schemat zgazowarki ze złożem stałym - współprądowej (Quaak, 1999)

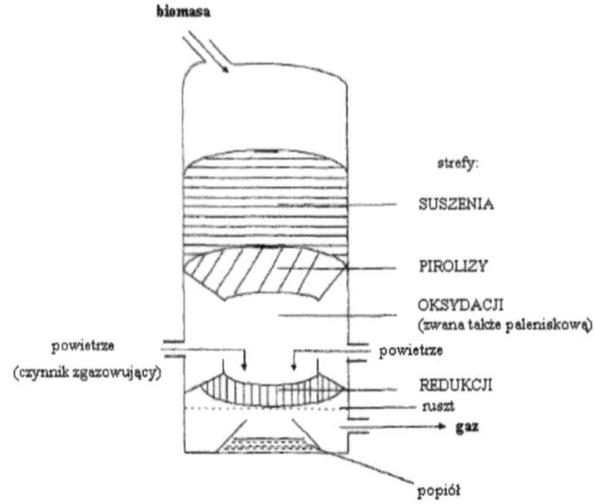

Wymagania względem jakości wsadu (biomasy) (F. Lettner, 2007):

- wilgotność $mc_{db} = 10\,\% \div 25\,\%$
- rozdrobnienie paliwa * $20\,mm \div 200\,mm$
- frakcja drobna ** $< 15\%\,; < 5mm$
- zaw. popiołu *** $< 6\,\%$

* - średnia wielkość ziarna
** - udział frakcji drobnej (cz. podziarna)
*** - stan suchy

Parametry gazu (J. Rezaiyan, 2005), (Quaak, 1999):

- ✓ temperatura gazu $ok. 700\ °C$
- ✓ zaw. smoły $0{,}015 \div 0{,}5\ {}^{g}/_{m_n^3}$
- ✓ zaw. popiołu $0{,}1 \div 1{,}0\ {}^{g}/_{m_n^3}$

W reaktorze tego typu biomasa i gaz przesuwają się względem siebie we współprądzie. Zawartość popiołów w gazie jest nieco wyższa niż w przypadku zgazowarki przeciwprądowej, ponieważ gaz przechodząc przez strefę oksydacji porywa drobną frakcję popiołu (Quaak, 1999). Z tego względu gaz pomimo relatywnie niewielkiej zawartości części stałych w stosunku do np. gazu z reaktora ze złożem fluidalnym jest dość trudny do oczyszczenia. Zawartość smoły w gazie z reaktora tego typu jest niska ze względu na fakt że produkty pirolizy przepływają przez strefę oksydacji, gdzie ulegają spaleniu bądź dalszemu rozkładowi termicznemu. Typowa sprawność zgazowania wynosi 85% do 90% dla gazu gorącego oraz 65% do 75% dla gazu zimnego (przy pełnym obciążeniu) (Quaak, 1999). Typowa wartość opałowa uzyskanego gazu wynosi od 4,5 do 5,0 MJ/m_n^3. Reaktor jest bardzo wrażliwy na zmiany obciążenia.

❖ reaktor przeciwprądowy (ang. countercurrent/updraft)

Rys. 5.2 - Schemat zgazowarki ze złożem stałym - przeciwprądowej (Quaak, 1999)

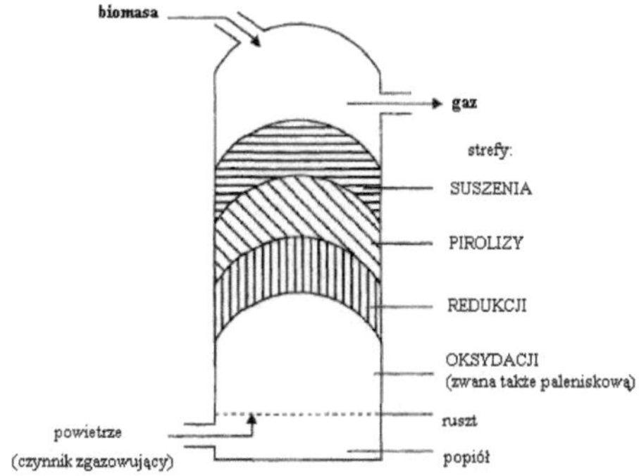

Wymagania względem jakości wsadu (biomasy) (F. Lettner, 2007):

- wilgotność $mc_{db} < 40\ \%$
- rozdrobnienie paliwa * $5\ mm \div 200\ mm$
- frakcja drobna ** $< 30\%\ ; < 5mm$
- zaw. popiołu *** $< 6\ \%$

* - średnia wielkość ziarna
** - udział frakcji drobnej (cz. podziarna)
*** - stan suchy

Parametry gazu (J. Rezaiyan, 2005), (Quaak, 1999):

- ✓ temperatura $200 \div 400\ °C$
- ✓ zaw. smoły $20 \div 150\ {}^{g}/_{m_n^3}$
- ✓ zaw. popiołu $0{,}1 \div 0{,}2\ {}^{g}/_{m_n^3}$

W reaktorze tego typu biomasa i gaz przesuwają się względem siebie w przeciwprądzie. Gaz powstały w strefie redukcji przepływa następnie przez strefę pirolizy, na końcu zaś przez strefę suszenia. Dzięki temu wytworzony gaz ma dużo niższą temperaturę niż w przypadku zgazowarki przeciwprądowej. Część ciepła gazu powstałego w strefie redukcji wykorzystywane jest do pirolizy części materiału w strefie pirolizy oraz do wysuszenia materiału w strefie suszenia. W obu strefach złoże pełni też rolę filtru i wyłapuje z gazu znaczna część popiołów lotnych. W rezultacie gaz ze zgazowarki tego typu cechuje się niską zawartością popiołów lecz wysoką zawartością smół. Typowa sprawność zgazowania wynosi 90% do 95% dla gazu gorącego oraz 40% do 60% dla gazu zimnego (przy pełnym obciążeniu) (Quaak, 1999). Typowa wartość opałowa uzyskanego gazu wynosi od 5,0 do 6,0 MJ/m_n^3. Reaktor jest mało wrażliwy na zmiany obciążenia w porównaniu z reaktorem współprądowym.

❖ reaktor krzyżowy (ang. cross draft)

Rys. 5.3 - Schemat zgazowarki ze złożem stałym - krzyżowej (Quaak, 1999)

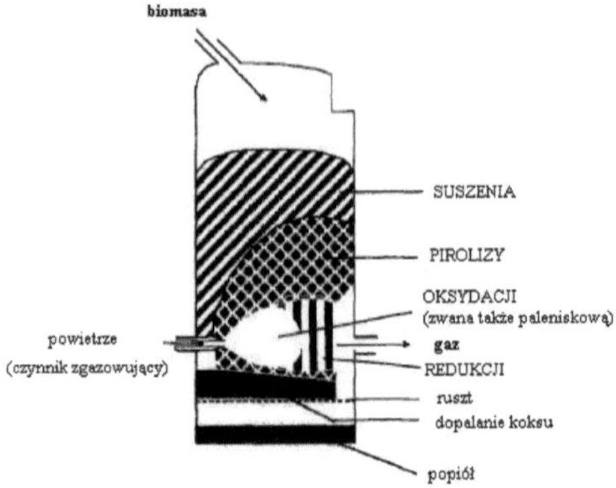

W reaktorze tego typu biomasa i gaz przesuwają się prostopadle względem siebie. Zgazowarka tego typu wykorzystywana jest do zgazowania węgla drzewnego (Quaak, 1999). Cechuje się możliwością zastosowania w bardzo niewielkiej skali, dla mocy poniżej $10\ kW_{el}$ (moc na wale silnika). Charakterystyczną cechą jest wysoka temperatura w strefie oksydacji sięgająca $1\ 500\ °C$, co stwarza problemy pod względem doboru materiałów do produkcji tych zgazowarek oraz części zamiennych.

❖ inne:

- otwarty (ang. open core)
- dwustrefowy (wielostrefowy) - posiada kilka stref oksydacji
- Delacotte'a
- złożone (kilka oddzielnych reaktorów z różnymi strefami)

REAKTORY ZE ZŁOŻEM FLUIDALNYM

W obszarze zgazowarek fluidalnych technologia reaktorów przypomina do złudzenia technologię kotłów fluidalnych. Różnica tkwi jedynie w nadmiarze podawanego powietrza, który jest w przypadku reaktorów zgazowujących mniejszy od 1.

W reaktorze fluidalnym nie ma wyodrębnionych stref suszenia, pirolizy, oksydacji i redukcji. Strefy te występują w tej samej przestrzeni a rozgraniczenie jest możliwe jedynie lokalnie (Quaak, 1999).

Wyróżnić można trzy rodzaje reaktorów fluidalnych (*Rys.5.4*):

- ✓ bąbelkowe
- ✓ cyrkulacyjne
- ✓ przepływowe

Różnią się one pomiędzy sobą prędkością przepływu czynnika fluidyzującego (w przypadku zgazowarki także czynnika zgazowującego) przez złoże. W przypadku reaktora bąbelkowego prędkość ta nieznacznie przewyższa prędkość porywania dla materiału złoża, co sprawia że spadek ciśnienia na złożu jest w stanie wprowadzić je w stan fluidyzacji. Nie jest jednak możliwe porywanie znaczącej części złoża.

W przypadku reaktorów cyrkulacyjnych prędkość czynnika a tym samym spadek ciśnienia na złożu jest na tyle duży że znacząca część złoża jest porywana i musi zostać zawrócona do reaktora przy pomocy cyklony. Prędkość przemieszczającego się paliwa jest mniejsza od prędkości czynnika i powstającego w reaktorze gazu - tzn. istnieje duży poślizg między nimi (*Rys.5.4*).

W przypadku reaktora przepływowego prędkości czynnika są wysokie zaś prędkości materiału złoża są do nich zbliżone. Materiał złoża jest zawracany do reaktora przy pomocy cyklonu.

Rys. 5.4 - Reaktory ze złożem fluidalnym (F. Lettner, 2007)

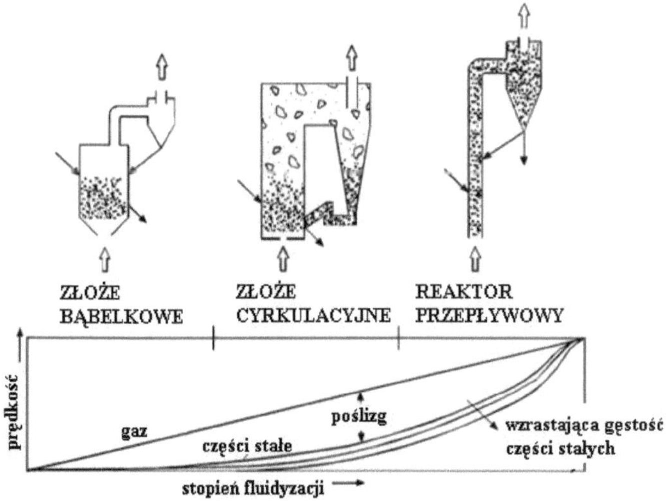

Typowe parametry dla fluidalnego reaktora zgazowującego (Quaak, 1999), (J. Rezaiyan, 2005):

- rozdrobnienie paliwa $1 \div 20\ mm$
- zawartość popiołu w paliwie (stan suchy) $< 25\%$
- temperatura procesu $750 \div 950\ ^{\circ}C$
- wydajność (wytwarzany gaz) $1 \div 50\ MW_{th}$
- czas rozruchu $kilka\ godzin$
- zawartość smoły w gazie $1 \div 15\ {}^{g}/_{m_n^3}$
- zaw. popiołu (bąbelkowe) $2 \div 20\ {}^{g}/_{m_n^3}$
- zaw. popiołu (cyrkulacyjne) $10 \div 35\ {}^{g}/_{m_n^3}$

Główne **zalety** tego typu zgazowarek :

- ✓ dostępne duże zakresy mocy reaktorów (moc w wytworzonym paliwie gazowym)
- ✓ względnie niskie temperatury procesu umożliwiają wykorzystanie paliwa o niskiej temperaturze mięknięcia popiołów
- ✓ duża elastyczność co do wilgotności paliwa i zawartości części mineralnych
- ✓ duża elastyczność w przypadku pracy pod niepełnym obciążeniem
- ✓ możliwości prowadzenia procesu pod wysokim ciśnieniem i osiągania wysokich ciśnień wytwarzanego gazu (brak potrzeby sprężania gazu przed turbiną gazową)
- ✓ możliwość zastosowania katalizatorów lub absorbentów jako część materiału złoża

Główne **wady** tego typu zgazowarek :

- ➢ zapotrzebowanie na moc elektryczną (stosunkowo wysokie) zwłaszcza w reaktorach wysokociśnieniowych (sprężanie czynnika fluidyzującego/zgazowującego)
- ➢ duża złożoność układu (koszty inwestycyjne, koszty utrzymania)
- ➢ relatywnie wysoka zawartość cząstek stałych (popiołów) w wytwarzanym gazie

6. Technologie oczyszczania gazów

W przypadku gazu pochodzącego ze zgazowania biomasy dobór odpowiedniej technologii oczyszczania gazu zależy od:

- parametrów biomasy wykorzystywanej jako wsad do reaktora
- wykorzystywanej technologii zgazowania
- wymagań systemu wykorzystującego gaz

Tab. 6.1 - Wymagane parametry gazu dla turbiny gazowej i silnika tłokowego (Quaak, 1999), (F. Lettner, 2007), (J. Rezaiyan, 2005)

Parametr		Turbina gazowa	Silnik tłokowy
wymagana temperatura gazu *		$< 600\ °C$	$< 40\ °C$
wymagane ciśnienie gazu *		$5 \div 10\ bar$	$\sim 1\ bar$
zaw. pyłów (popiołu)	wymagane	$< 15\ g/m_n^3$	$< 50\ g/m_n^3$
	zalecane	$< 2\ g/m_n^3$	$< 5\ g/m_n^3$
smoła	wymagane	-	$< 50 \div 100\ g/m_n^3$
	zalecane	-	$< 25\ g/m_n^3$
metale alkaliczne (gł.Cl)		$0{,}2 \div 1{,}0\ g/m_n^3$	$< 0{,}1\ g/m_n^3$
min. W_d gazu		$3 \div 11\ MJ/m_n^3$	$4 - 6\ MJ/m_n^3$

* - przed komorą spalania/cylindrem

Technologie oczyszczania gazu swoim w zdecydowanej większości wywodzą się z układów oczyszczania spalin stosowanych w energetyce klasycznej.

❖ separatory cyklonowe

Rys. 6.1 - Separator cyklonowy z tangencjalną i osiową generacją wiru (F. Lettner, 2007)

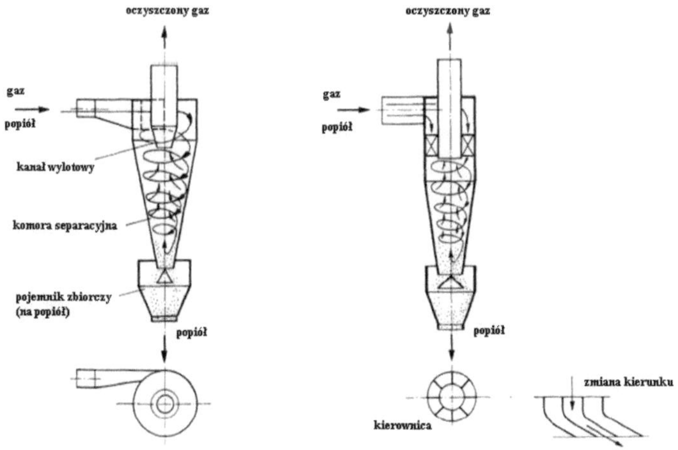

Odpylacze cyklonowe służą do odpylania gazów i stanowią one zwykle pierwszy etap procesu oczyszczania gazu. Ich skuteczność ograniczona jest do cząstek stałych o średnicy aerodynamicznej większej niż 10 μm (J. Rezaiyan, 2005). Cyklony wykorzystują inercję cząstek aby usunąć je ze strumienia gazów. W ich wnętrzu tworzy się podwójny wir (*Rys.6.1*). Wir zewnętrzny kieruje cząstki i gaz na dół, zaś wewnętrzny unosi gaz ku górze. W przypadku dostatecznie dużych cząstek ich moment bezwładności po wykonaniu kilku okrążeń wewnątrz komory (w wirze zewnętrznym) przewyższa siły aerodynamiczne związane z porywaniem cząstki przez gaz. Cząstki te opadają na sam dół komory cyklonu skąd usuwane są do pojemnika zbiorczego (przy użyciu np. podajnika ślimakowego).

Sprawność odpylania jest w przypadku cyklonów funkcją rozmiaru odpylanych cząstek (średnica aerodynamiczna) i konstrukcji urządzenia.

Sprawność odpylania cyklonu **rośnie** wraz ze wzrostem: (J. Rezaiyan, 2005)

- rozmiarem i gęstością odpylanych cząstek
- prędkością gazów na wejściu do komory separacyjnej
- długością komory separacyjnej
- natężeniem zawirowania gazu (ilość pełnych okrążeń jaką cząstka gazu wykona w cyklonie)
- stosunkiem średnicy komory cyklonu do średnicy kanału wylotowego gazu
- stopniem zapylenia gazu
- spadkiem chropowatości ścian wewnętrznych komory

Sprawność odpylania cyklonu **spada** wraz ze wzrostem: (J. Rezaiyan, 2005)

- lepkości oczyszczanych gazów
- średnicy komory separacyjnej
- średnicy kanału wylotowego
- pola przekroju kanału na wejściu do komory cyklonu
- gęstości oczyszczanych gazów

Temperaturę gazów w cyklonie ograniczają jedynie zastosowane materiały konstrukcyjne. Zwykle cyklony mogą operować przy temperaturach gazu osiągających nawet 540°C.

Wyższa sprawność odpylania cyklonu idzie zwykle w parze z większymi spadkami ciśnienia gazu na cyklonie. Dlatego konstrukcja cyklonu częściej jest ograniczona poprzez maksymalny dopuszczalny spadek ciśnienia niż przez wymagana sprawność odpylania (J. Rezaiyan, 2005).

Wyższe sprawności odpylania osiągane są przez tzw. multicyklony, czyli zestaw cyklonów połączonych ze sobą kaskadowo. Mogą one osiągać skuteczność odpylania wahającą się pomiędzy 80% aż do 95% dla cząstek o średnicy aerodynamicznej do 5 μm.

❖ filtry workowe

Filtry workowe cechuje wysoka skuteczność odpylania mieszcząca się w przedziale od 95% do 99,9% dla cząstek o średnicy aerodynamicznej 2,5 μm (J. Rezaiyan, 2005). Istotnym ograniczeniem jest materiał, z którego wykonywany jest filtr. Filtry workowe z bawełny i poliestrów mogą pracować w temperaturach poniżej 100 °C. Tkaniny wykorzystywane obecnie w nowoczesnych filtrach workowych pracują w zakresie temperatur pomiędzy 260 °C a 290 °C. Istnieją filtry workowe tkane linek stalowych, jednak ich wrażliwość na korozję wyklucza je z zastosowania do oczyszczania gazów pochodzących ze zgazowarek.

Rys. 6.2 - Filtry workowe, tryb filtracji i regeneracji (F. Lettner, 2007)

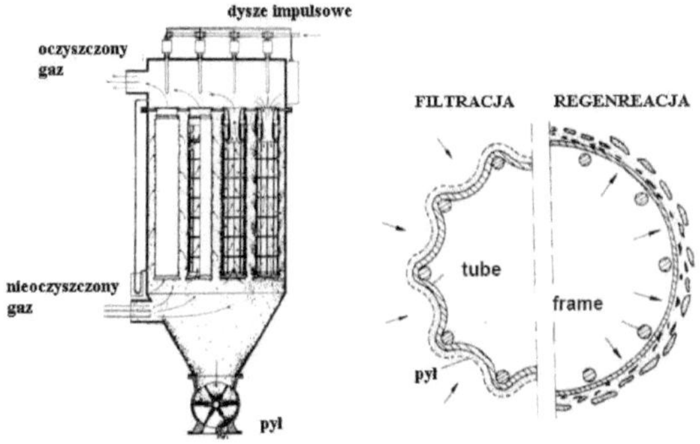

❖ elektrofiltry

Wychwyt cząstek w elektrofiltrach działa w oparciu o zjawiska elektrostatyczne. Proces wychwytywania cząstek odbywa się w trzech etapach (F. Lettner, 2007):

- o indukcja ładunków elektrostatycznych na cząstkach pyłów
- o separacja naładowanych cząstek dzięki wykorzystaniu sił elektrostatycznych (siły przyciągania) działających w wytworzonym polu elektrycznym
- o usunięcie odseparowanych cząstek z elektrod

Ostatnia z wymienionych operacji może być wykonywana mechanicznie lub przy pomocy cienkiego filmu wodnego. Konstrukcje wykorzystujące wodą mogą pracować w przedziale stosunkowo niskich temperatur (najlepiej w pobliżu punktu pęcherzyków, w temperaturze zbliżonej do temperatury otoczenia). Zaletą elektrofiltru mokrego jest możliwość usuwania zanieczyszczeń innych niż pyły które w odpowiednio niskiej temperaturze kondensują na drobinach pyłu.

Rys. 6.3 - Zasada działania elektrofiltra - schemat (F. Lettner, 2007)

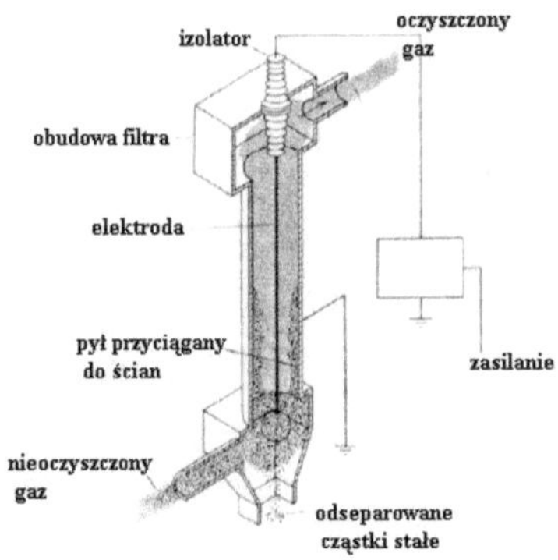

Elektrofiltry suche (zgromadzony pył usuwany jest mechanicznie lub akustycznie) mogą pracować w bardzo wysokich temperaturach, dochodzących nawet do 700°C (J. Rezaiyan, 2005). Generalnie elektrofiltry suche wykazują największą skuteczność odpylania dla pyłów o rezystywności pomiędzy $5 \cdot 10^4\ \Omega/cm$ a $2 \cdot 10^{10}\ \Omega/cm$. Typowe skuteczności odpylania dla elektrofiltrów wahają się pomiędzy 99,0% a 99,9% (J. Rezaiyan, 2005).

Spośród czynników determinujących skuteczność odpylania elektrofiltra zdecydowanie największe znaczenie ma jego rozmiar. Rozmiar elektrofiltra decyduje o czasie który drobina spędza przebywając w obszarze działania elektrofiltra. Im jest on większy tym większa jest szansa że cząstka zostanie odfiltrowana. Na czas ten ma wpływ także prędkość przepływu gazu przez elektrofiltr. Wśród pozostałych czynników mających wpływ na skuteczność odpylania znaczenie mają: skład chemiczny gazu, temperatura gazu oraz dystrybucja rozmiaru cząstek i stopień zapylenia gazu. Z tego względu korzystnym jest zastosowanie elektrofiltra kolejnego po cyklonie stopnia odpylania gazu.

Elektrofiltry są bardzo czułe na fluktuacje parametrów gazu (strumień objętości, temperatura, skład i zapylenie).

Rys. 6.4 - Budowa elektrofiltra (J. Rezaiyan, 2005)

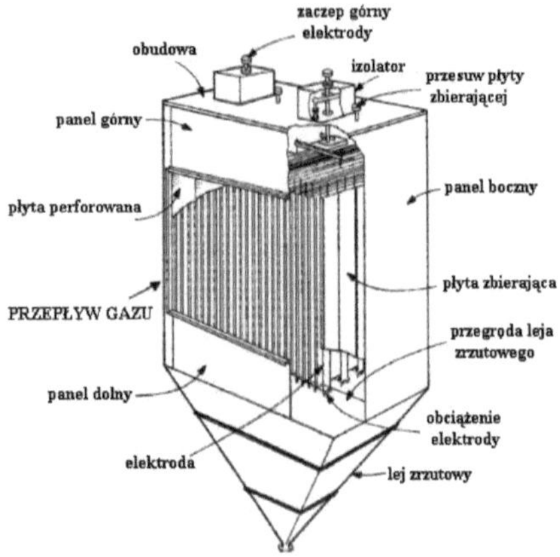

❖ skrubery

Skrubery to grupa urządzeń służących do oczyszczania gazów, które wykorzystują rozpylone krople wody. Rozpylona woda wypłukuje z gazu zanieczyszczenia.

Zaletą tego typu urządzenia jest możliwość usunięcia zanieczyszczeń innych niż pyły, które kondensują w zakresie temperatur operacyjnych urządzenia.

Wadą jest niski zakres temperatur pracy uwarunkowany odparowywaniem wody. Drugą zasadniczą wadą jest konieczność oczyszczania wody ze skrubera przed jej ponownym wykorzystaniem.

Tab. 6.2 - Przegląd skruberów różnych typów i ich parametry (F. Lettner, 2007)

Typ	Kolumnowy	Dyszowy	Zbiornikowy	Venturiego
	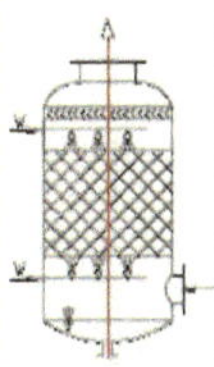	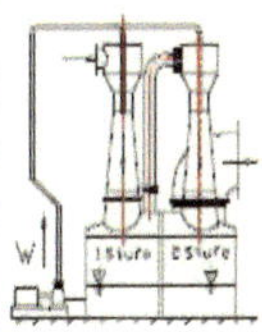	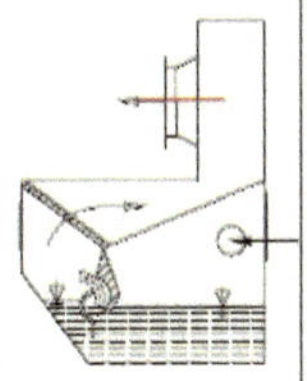	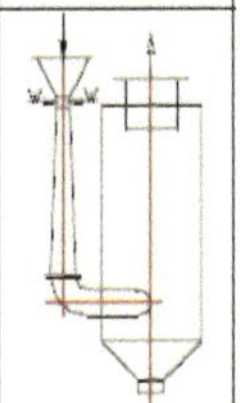
krytyczny rozmiar drobin (dla gęstości) ρ = 2.42 g/cm³	0.7 – 1.5 [µm]	0.8 – 0.9 [µm]	0.6 – 0.9 [µm]	0.05 – 0.2 [µm]
rednia relatywna prędkość (gaz)	1 [m/s]	10 – 25 [m/s]	8 – 20 [m/s]	40 – 150 [m/s]
spadek ciśnienia	2 – 25 [mbar]	-	15 – 28 [mbar]	30 – 200 [mbar]
zapotrzebowanie na energię	0.2 - 1.5 [kWh/1000m³]	1.2 - 3 [kWh/1000m³]	1 – 2 [kWh/1000m³]	1.5 - 6 [kWh/1000m³]

Skrubery mogą wykorzystywać substancje inne niż woda. Ma to miejsce np. przy wykorzystaniu systemu oczyszczania gazów gorących typu OLGA (Dahlman, 2009). Maksymalna temperatura na wejściu do systemu wynosi 450°C zaś temperatura gazu na wyjściu waha się pomiędzy 70°C a 90°C (temperatura musi być powyżej punktu rosy dla pary wodnej). Zaletą tego typu systemu jest oczyszczanie gazu nie tylko z pyłów lecz także ze smół.

❖ porowate bariery

Jest to bardzo szeroka kategoria, w której mieści się wiele różnych rodzajów filtrów. Cechą wspólną wszystkich urządzeń tego typu jest ich zasada działania. Każdy z nich stanowi przepuszczalną bądź półprzepuszczalną barierę przez którą jest w stanie przedostać się gaz natomiast zanieczyszczenia stałe pozostają na jej powierzchni.

Najpopularniejszym rozwiązaniem są tzw. filtry świecowe (*Rys.6.5*). Porowatymi elementami są w tym wypadku świece (elementy filtrujące). Urządzenia tego typu cechują się dużą wrażliwością na zmiany parametrów gazu i na pracę pod niepełnym obciążeniem. Największym zagrożeniem są fluktuacje temperatur gazu które prowadzą do powstawania uszkodzeń na powierzchni świec (J. Rezaiyan, 2005).

Porowate bariery maja różne kształty i najczęściej są zbudowane z materiałów ceramicznych (*Rys.6.6*). Istotną zaletą tego typu filtrów jest możliwość nanoszenia na ich powierzchnię różnego rodzaju katalizatorów co pozwala na usuwanie innych niż pyły zanieczyszczeń.

Rys. 6.5 - Filtr świecowy - budowa (F. Lettner, 2007)

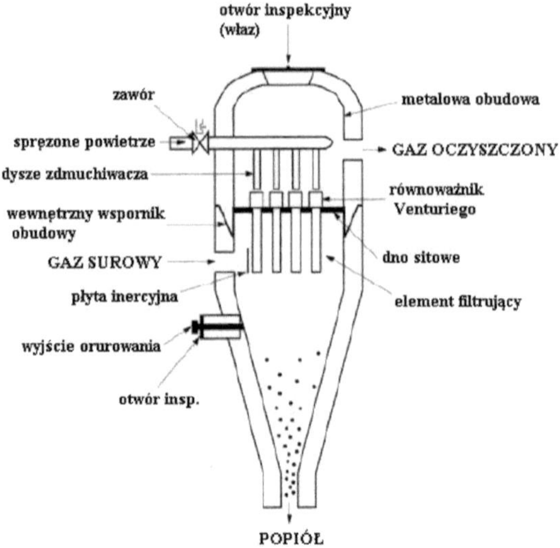

Rys. 6.6 - Filtr ceramiczny o przepływie krzyżowym (F. Lettner, 2007)

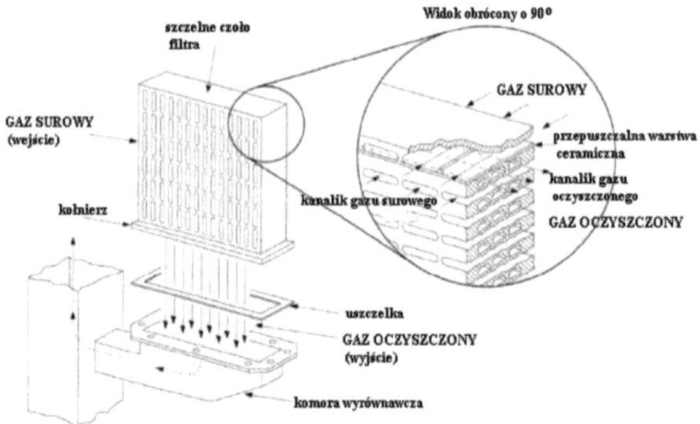

Bariera może mieć tez postać upakowanego złoża (*Rys.6.7*). Zaletą stosowania takiego typu filtra jest łatwość jego wymiany oraz możliwość stosowania różnego rodzaju adsorbentów (np. węgiel aktywny) jako materiałów złoża co pozwala usuwać z gazu zanieczyszczenia inne niż pyły (smoły) (J. Rezaiyan, 2005). Usuwanie zanieczyszczeń ze złoża może odbywać się także poprzez ich wypłukiwanie przez ciecz (wodę) co upodabnia niektóre z filtrów do skruberów i nakłada na nie podobne ograniczenia.

Rys. 6.7 - Filtr z upakowanym złożem (J. Rezaiyan, 2005)

Różne urządzenia stosowane do oczyszczania gazów nakładają na proces różne ograniczenia (*pkt.5*). Zwykle układ oczyszczania gazu nie składa się z jednego urządzenia lecz kilku ułożonych kaskadowo. Niektóre urządzenia jak np. cyklony są proste i nie nakładają żadnych ograniczeń co do parametrów oczyszczanego gazu lecz ich skuteczność oczyszczania jest ograniczona i pozwalają pozbyć się jedynie części zanieczyszczeń. Inne urządzenia mogą prowadzić do istotnego obniżenia sprawności układu gazowo-parowego zintegrowanego ze zgazowaniem biomasy, ponieważ trzeba istotnie obniżyć parametry gazu przed ich zastosowaniem. W przypadku skruberów jest to temperatura zaś w przypadku elektrofiltrów ciśnienie gazu.

Część urządzeń jest w stanie pracować bez znacznego obniżania parametrów gazu, jednak są one wrażliwe na zmienność tych parametrów i fluktuacje obciążeń. Ich awaryjność może prowadzić do znacznego wzrostu kosztów utrzymania instalacji.

W przypadku układu gazowo-parowego najbardziej istotne jest odpylanie gazów. Najczęstsza przyczyną awarii jest oblepianie łopatek turbiny. Dzieje się to na skutek kondensacji soli chloru i potasu oraz smół które sprawiają że cząsteczki pyłów „kleją się" do łopatek turbiny (J. Rezaiyan, 2005) i powodują zmianę wyważenia jej wału oraz utratę wytrzymałości łopatek (korozję - *pkt. 2*). Wytrzymałość łopatek turbiny gazowej jest obniżana także poprzez fizyczne oddziaływanie pyłów (erozja łopatek).

Usuwanie smół odbywa się poprzez reforming termiczny, polegający na wykorzystaniu pary wodnej lub plazmy (K. Pikoń, 2010), (J. Rezaiyan, 2005), reforming katalityczny lub poprzez kondensację w skruberach.

Oczyszczanie gazów pochodzących ze zgazowania biomasy jest procesem problematycznym. Z jednej strony stosowane technologie mogą prowadzić do obniżenia parametrów gazu (temperatura, ciśnienie) co przekłada się na spadek sprawności a tym samym stawia pod znakiem zapytania sensowność koncepcji BIGCC. Z drugiej strony technologie nie prowadzące do istotnego obniżenia sprawności nie są wystarczające aby dostatecznie oczyścić gaz lub ich awaryjność w istotny sposób ogranicza dostępność układu, elastyczność jego pracy i podwyższa koszty eksploatacyjne.

7. Doświadczenia z projektów pilotażowych BIGCC na świecie

Prowadzone do tej pory projekty BIGCC wykazały liczne problemy eksploatacyjne. Były to projekty o charakterze pilotażowym, zaś raporty sporządzone w oparciu o doświadczenia zdobyte w trakcie tych projektów nie zachęcały do ich wprowadzenia na skalę komercyjną.
Spośród tych projektów warto wymienić:

❖ instalacja BIGCC w Värnamo (Szwecja) (K. Ståhl, 2004)

Instalacja BIGCC w Värnamo została zbudowana w latach 1991- 1993. Instalacja pracowała w fazie pilotażowej w latach 1993-1999. W roku 2000 powstał raport podsumowujący pracę układu, który jasno stwierdzał brak uzasadnienia ekonomicznego dla dalszego funkcjonowania instalacji. Obiekt funkcjonuje dalej jako instalacja testowa na potrzeby programu CHRISGAS (ang. Clean Hydrogen RIch Synthesis GAS - czysty bogaty w wodór gaz syntezowy).

Tab. 7.1 - Podstawowe parametry dla instalacji BIGCC w Värnamo (K. Ståhl, 2004)

Moc elektryczna	6 MWe
Moc cieplna	9 MWt
Moc w paliwie	18 MW
Paliwo	Zrębki drzewne (Testowane było także kilka innych paliw)
Sprawność el. (odniesiona do wart. opałowej)	32 %
Sprawność całkowita (od. do wart. opałowej)	83 %
Gazyfikacja - parametry procesu	
Ciśnienie	18 bar
Temperatura	950 °C
Parametry gazu (dla różnych paliw)	
Wartość opałowa	$5,0 \div 6,3\ MJ/m_n^3$
udział obj. CO	$16,0 \div 19,0\ \%$
udział obj. H_2	$9,5 \div 12,0\ \%$
udział obj. CH_4	$5,8 \div 7,5\ \%$
udział obj. CO_2	$14,4 \div 17,5\ \%$
udział obj. N_2	$48,0 \div 52,0\ \%$
Zanieczyszczenia w gazie (dla różnych paliw)	
NO_X	$5,0 \div 6,3\ ppm/m_n^3$
Benzen	$5\,000 \div 9\,000\ mg/m_n^3$
Lekkie smoły	$1\,500 \div 3\,700\ mg/m_n^3$
Sole metali alkalicznych	$\sim 0,1\ ppm/m_n^3$
Parametry pary z kotła odzyskowego	
Temperatura	455 °C
Ciśnienie	40 bar

Rys. 7.1 - Instalacja BIGCC w Värnamo - schemat blokowy (K. Ståhl, 2004)

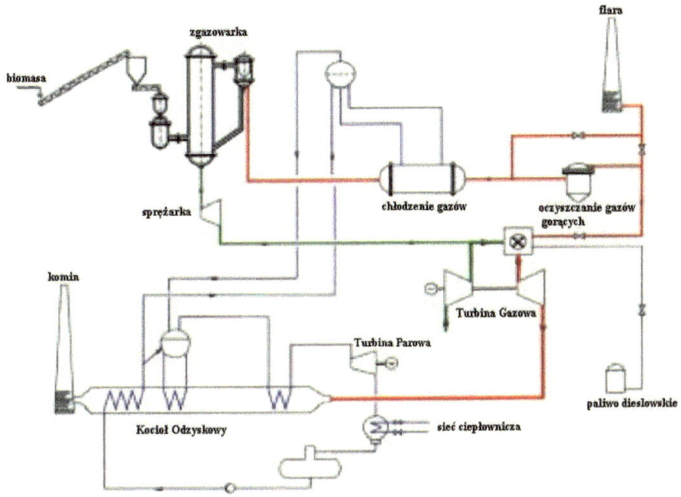

Instalacja w Värnamo pracowała wg. schematu przedstawionego na *Rys. 2.5*. Właścicielem instalacji jest spółka Sydkraft AB. Rolę inzyniera kontraktu pełniła firma Foster Wheeler. Ona też dostarczyła reaktor zgazowującyc ze złożem cyrkulacyjnym fluidalnym, układ schładzania gazu oraz kocioł odzyskowy. Ceramiczny filtr gazów gorących dostarczyła firma Schumacher GmbH zaś metalowy filtr dostarczyła firma Mott Corporation. Turbinę gazową wyprodukowała firma European Gas Turbines. Dodatkową sprężarke powietrza przed zgazowarką dostarczyła firma Ingersol-Rand. Producentem turbiny parowej była firma Turbinenfabrik Nadrowski GmbH zaś automatykę sterującą wykonała firma Honeywell.

W trakcie działania instalacji wypróbowano różne rodzaje paliw, m.in: zrębki drzewne, odpady (zrębkowane) gospodarki leśnej, korę i pelety z kory, pelety z pyłu drzewnego, zrębki wierzby, słomę oraz RDF. Jako rezerwowe paliwo dla turbiny gazowe w razie awarii zgazowarki miało służyc paliwo dieslowskie.

Rozruch układu trwał ok. 6 godzin i po tym czasie (*Rys. 2.6*) układ osiągał stabilne parametry pracy.

Rys. 7.2 - Rozruch instalacji BIGCC w Värnamo (K. Ståhl, 2004)*: (1) otwarcie zaworu do Turbiny Gazowej; (2) strumień masy gazu na wyjściu ze zgazowarki; (3) cisnienie w zgazowarce; (4) wartość opałowa gazu*

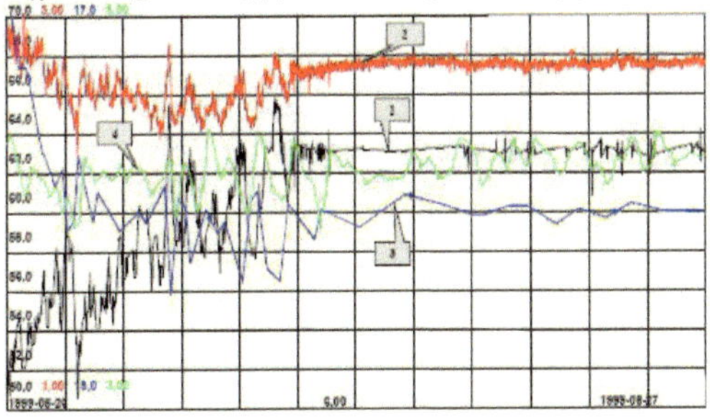

Niska wartość opałowa powodowała niską temperaturę spalania gazu w turbinie gazowej, czego skutkiem była stosunkowo niski poziom emisji tlenków azotu z racji niewielkiej ilości tlenków azotu wygenerowany poprzez mechanizm termiczny (K. Ståhl, 2004), (Kordylewski, 2008).

Instalacja jako całość przepracowała czas 3 600 godzin zaś część elementów z których kluczowy był układ zgazowania pracował przez 8 500 godzin. Słabym punktem instalacji okazał się układ oczyszczania gazów gorących. Skuteczność oczyszczania gazu była wysoka lecz zainstalowane na początku ceramiczne filtry świecowe uległy awarii po 1 200 godzinach pracy. Wstawione na ich miejsce porcelanowe filtry świecowe o nieco innej budowie uległy awarii po ok. 350 godzinach pracy. Jako przyczynę awarii zidentyfikowano fluktuacje temperatury gazu spowodowane zmianą obciążenia zgazowarki. Dla uzyskania niższej awaryjności układu zastosowano wspornik dla świec w postaci kratownicy oraz wymieniono filtry ceramiczne na metalowe. Układ działał przez kolejne 2 500 godzin do zakończenia prac projektu pilotażowego. Nie stwierdzono uszkodzeń mechanicznych filtra jednak zauważono aglomeracje osadów na powierzchni kratownicy.

Godnym zauważenia jest fakt że układ przepracował w ciągu 6 lat tylko 3 600 godzin, co może świadczyć, że prowadzenie tego typu instalacji nastręczało wielu trudności.

❖ instalacja ARBRE w Selby (hrabstwo North Yorkshire, Wielka Brytania) (Maniatis, 2002)

Instalacja rozpoczęła pracę w 1998 roku a została ostatecznie zamknięta w 2002 roku. Paliwem dla instalacji były zrębki wierzby oraz suszona gnojowica i osady ściekowe.

Układ osiągał moc elektryczną rzędu 8 MW_e. Ciepło odpadowe było wykorzystywane do suszenia biomasy. Instalacja (*Rys. 2.7*) posiadała zgazowarkę TPS z cyrkulacyjnym złożem fluidalnym, która pracowała w zakresie temperatur $850 \div 900°C$. Gaz ze zgazowarki jest oczyszczany ze smoły w krakerze. Część ciepła z gazu jest odzyskiwana w do podgrzania wody, z której w kotle odzyskowym wytwarzana jest para wykorzystywana w turbinie parowej. Gaz o temperaturze ok. 180°C jest następnie odpylany przy użyciu filtrów workowych. Następnie trafia on do skrubera, gdzie jest oczyszczany z pozostałych soli metali alkalicznych, amoniaku i węglowodorów o niskiej temperaturze kondensacji. Gaz na wyjściu ze skrubera ma temperaturę ok. 25°C - zostaje on sprężony i trafia do komory spalania turbiny gazowej.

Instalacja została zamknięta w 2002 roku z przyczyn ekonomicznych.

Rys. 7.3 - Schemat blokowy instalacji ARBRE w Selby (Wlk. Brytania) (Maniatis, 2002)

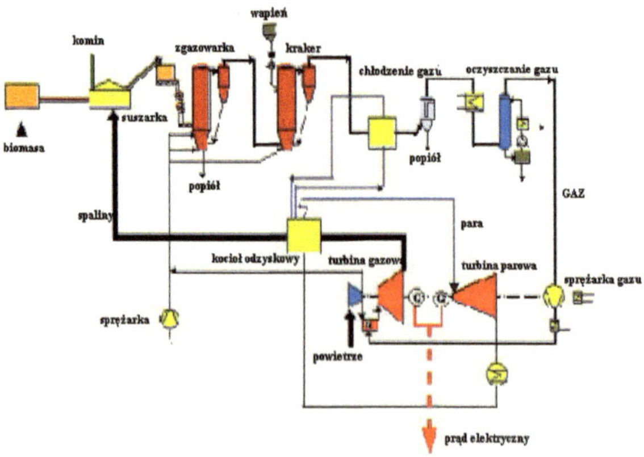

8. Wnioski

Jak zostało to pokazane w *pkt. 7* próby wykorzystania biomasy do wytwarzania energii elektrycznej w cyklu gazowo-parowym zintegrowanym ze zgazowaniem biomasy zakończyły się niepowodzeniem. Wskazuje na to fakt, że do chwili obecnej ani jedna tego typu instalacja nie działa na świecie na zasadzie projektu komercyjnego.

Dominujące w tym przypadku okazały się problemy w trakcie eksploatacji tj. zbyt częste awarie instalacji oczyszczania gazów gorących. Awarie były spowodowane częstymi zmianami parametrów gazu uzyskiwanego w procesie zgazowania. Kluczowe wydają się tu być fluktuacje temperatury i związane z tym naprężenia termiczne. Struktura powierzchni filtrów jest porowata i przepuszczalna. Przepuszczalność realizowana jest przez wiele drobnych kanalików. Efektem takiej struktury jest wysoka podatność materiału na powstawanie i rozszerzanie się pęknięć. Dodatkowe wzmacnianie struktury prowadziło zaś do zbytniej aglomeracji osadu na powierzchni filtrów.

Eksploatacja zgazowarki samej w sobie nie nastręczała aż tak wielkich trudności i w przypadku gdy układ wykorzystywałby gaz zimny, mógłby on prawdopodobnie pracować bez napotkania większych problemów natury eksploatacyjnej. Jednak w takim wypadku zasadnicza kwestią staje się sprawność układu, gdyż dla gazów zimnych proces zgazowania cechuje się dużo niższą sprawnością, co sprawia że korzyść związana z maksymalizacją wytwarzania energii elektrycznej traci na znaczeniu. Stawia to zasadnicze pytanie co do opłacalności ekonomicznej takiego układu.

Odpowiedź nasuwa się sama gdy porówna się doświadczenia innych krajów zarówno w dziedzinie wykorzystywania energetycznego biomasy jak i węgla. Instalacje IGCC działające w dużej skali, po przeprowadzeniu projektów pilotażowych wciąż są uważane za jeden z głównych kierunków w dziedzinie tzw. czystych technologii węglowych. Jednocześnie wykorzystanie biomasy w tak scentralizowanej strukturze nastręcza dużych problemów. Biorąc za przykład kraje skandynawskie można zaobserwować że wykorzystanie biomasy ma charakter bardziej lokalny i skupia się głównie na dostarczeniu ciepła, energia elektryczna wytwarzana w skojarzeniu powstaje głównie w elektrociepłowniach parowych o mocy kilkudziesięciu MW. Jest to zgodne z natura samej biomasy (*Dodatek A*) którą cechuje dużo większa różnorodność (co do właściwości) niz ma to miejsce w przypadku paliw kopalnych, oraz dużo mniejsza gęstość nasypowa, co stawia pod znakiem zapytania sensowność transportu biomasy na duże odległości.

Na tej podstawie można wnioskować że wykorzystanie biomasy może być cennym uzupełnieniem krajowego miksu energetycznego, w przypadku gdy będzie ona wykorzystywana poprzez małe źródła kogeneracyjne. Technologia zgazowania biomasy może zostać wykorzystana w połączeniu z oczyszczaniem gazów zimnych i silnikami tłokowymi, które wykorzystują paliwa o temperaturze oscylującej w podobnym przedziale.

Nie do przecenienia wydaja się technologie bioreaktorów, które doskonale nadają się do wykorzystania paliwa o wysokiej zawartości wody. Biogaz wytworzony w ten sposób jest bardzo czysty i może stanowić podstawę do rozwoju małych układów gazowo-parowych w oparciu o mikroturbiny.

Bibliografia:

Bartnik, R. 2009. *Elektrownie i elektrociepłownie gazowo-parowe.* Warszawa : Wydawnictwa Naukowo-Techniczne, 2009. ISBN 978-83-204-3558-0.

Biomax. Gospodarstwo Agro-energetyczne. [Online] [Zacytowano: 17 listopad 2011.] www.biomax.com.pl.

Chmielniak, T. 2008. *Technologie energetyczne.* Warszawa : Wydawnictwa Naukowo-Techniczne, 2008. ISBN 978-83-204-3387-6.

Dahlman. 2009. *OLGA - technologia usuwania smoły.* 2009. (prospekt informacyjnył producenta).

Dinwoodie, J.M. 2000. *Timber: Its nature and behaviour.* London : E. & F. N. Spon, 2000. ISBN: 0419255508.

F. Lettner, H. Timmerer, P. Haselbacher. 2007. Gasification Guide. *Biomass gasification - State of art description.* Graz : Inteligent Energy Europe - Komisja Europejska, 2007. Tomy - Deliverable 8, 06/078/SI2.447511. EIE.

GUS. 2010. *Rocznik Statystyczny Rzeczypospolitej Polskiej.* Warszawa : GUS, 2010. ISSN: 1506-0632.

J. Rezaiyan, N.P. Cheremisinoff. 2005. *Gasification Technologies - A primer for engineers.* Boca Raton : CRC Press - Taylor & Francis Group, 2005. ISBN-13: 978-0-8247-2247-0.

J.M. Dinwoodie, H.E. Desh. 1996. *Timber: structure, properties, conversion and use.* London : Macmillan Press Ltd, 1996. ISBN 0-333-60905-0.

J.Richardson, R. Bjorheden, P. Hakkila, A.T. Lowe, C.T. Smith. 2002. *Bioenergy from sustainable forestry.* 2002. ISBN: 1-4020-0676-4.

J.Skorek, J.Kalina. 2005. *Gazowe układy kogeneracyjne.* Warszawa : Wydawnictwa Naukowo-Techniczne, 2005. ISBN 83-204-3103-4.

K. Pikoń, Z. Czekalska, S. Stelmach, W. Ścierski. 2010. Archiwum gospodarki odpadami i ochrony środowiska. *Zastosowanie metod plazmowych do oczyszczania gazu procesowego ze zgazowania biomasy.* , 2010. Tom , . ISSN 1733-4381.

Kofman, P.D. 2005. *Wood for energy production.* Dublin : COFORD, 2005. ISBN: 1 902696 43 3.

Komisja Europejska - 2004/8/EC. Dyrektywa 2004/8/EC o promowaniu kogeneracji opartej o zapotrzebowanie na ciepło uzyteczne.

Komisja Europejska. 2003. *Refuse Derrived Fuel - current practice and perspectives.* 2003. WRc Ref: CO 5087-4.

Kordylewski, W. 2008. *Spalanie i paliwa - skrypt PWR.* Wrocław : Oficyna Wydawnicza PWR, 2008. ISBN 978-83-7493-378-0.

Ministerstwo Gospodarki. 2010. Rozporządzenie Ministra Gospodarki. *zmieniające rozporządzenie w sprawie szczegółowego zakresu obowiązków uzyskania i przedstawienia do umorzenia świadectw pochodzenia, uiszczenia opłaty zastępczej, zakupu energii elektrycznej i ciepła wytworzonych w odnawialnych źródłach energii.* 23 luty 2010.

Nikolaisen, L. 1998. *Straw for energy production.* Aarhus : Danish Technological Institute, 1998. ISBN: 87-90074-20-3.

ONZ. 2000. *World Energy Assessment.* Nowy Jork : United Nations Developement Programme, 2000. ISBN: 92-1-126126-0.

Pastre, O. 2002. *Analysis of the technical obstacles related to the production and utilisation of fuel pellets made from agricultural residues.* : EUBIA, 2002. ALTENER 2002-012-137-160.

Quaak, P. 1999. *Energy from biomass - A review of combustion and gasification technologies.* Waszyngton : Bank Światowy, 1999. ISSN: 0253-7494.

R. Bartnik, A. Duczkowska-Kądziel. 2011. Analiza porównawcza skojarzonej pracy bloku 370 MW w układzie gazowo–parowym dwupaliwowym z jednopaliwową elektrociepłownią gazowo-parową o takiej samej mocy cieplnej. styczeń 2011.

Regionalna Dyrekcja Lasów Państwowych. 2003. *Regionalny Program Operacyjny Polityki Leśnej Państwa.* Wrocław : Regionalna Dyrekcja Lasów Państwowych we Wrocławiu, 2003.

Rosillo-Calle, F. 2007. *Biomass assessment handbook.* brak miejsca : Earthscan, 2007. ISBN 13: 978-1-84407-285-9.

Rybak, W. 2006. *Spalanie i współspalanie biopaliw stałych.* Wrocław : Oficyna wydawnicza PWR, 2006. ISBN: 83-7085-938-0.

Sims, R. 2002. *Brilliance of bioenergy.* brak miejsca : Earthscan Publications Ltd., 2002. ISBN 13: 9781902916286 .

Szargut, J. 2010. *Termodynamika techniczna.* Gliwice : Wydawnictwo Politechniki Śląskiej, 2010. ISBN: 978-83-7335-667-2.

Urząd Regulacji Eneretyki. [Online] www.ure.gov.pl.

Verma, Shefali. 2002. Anaerobic digestion of biodegradable organics in municipal solid waste. Columbia : Columbia University, 2002.

DODATEK A - Klasyfikacja biomasy przy uwzględnieniu jej właściwości jako paliwa

Uzasadnionym wydaje się podział biomasy na następujące grupy:

A) drewno

W skład tego typu biomasy zaliczyć można wszystkie rośliny, dla których największy udział w jej masie całkowitej (w stanie suchym bez popiołu) mają celuloza i lignina (*Tab. A.1*). Największa ilość tego typu biomasy wchodzi w skład biocenozy lasu (drzewa). Zasadniczo rozróżnia się dwa rodzaje drewna twarde i miękkie (do twardych w większości należą drzewa liściaste do miękkich zaś iglaste).

Głównym źródłem drewna jest gospodarka leśna. Podstawowy warunek neutralności tego typu biomas jest spełniony, gdy drewno pozyskiwane jest w sposób zrównoważony, tzn. gdy jego przyrost jest większy lub równy pozyskanej ilości. Może to być zrealizowane na podstawie różnych sposobów. Podstawowym jest wyrąb lasów, jednakże w tym wypadku sektor energetyczny musi konkurować o drewno z przemysłem drzewnym i papierniczym. Nie każdy rodzaj i asortyment drewna wykazuje przydatność jako materiał budowlany, surowiec do produkcji mebli lub surowiec na pulpę dla przemysłu papierniczego (*Rys. A.2*).

Rysunek A.1 - Dystrybucja składników odżywczych w całości masy drzewa (Kofman, 2005)

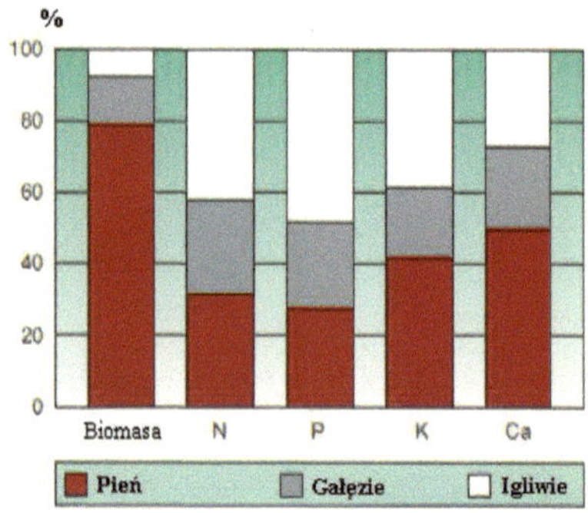

Rysunek A.2 - Budowa drzewa z uwzględnieniem możliwości jego wykorzystania (J.Richardson, 2002)

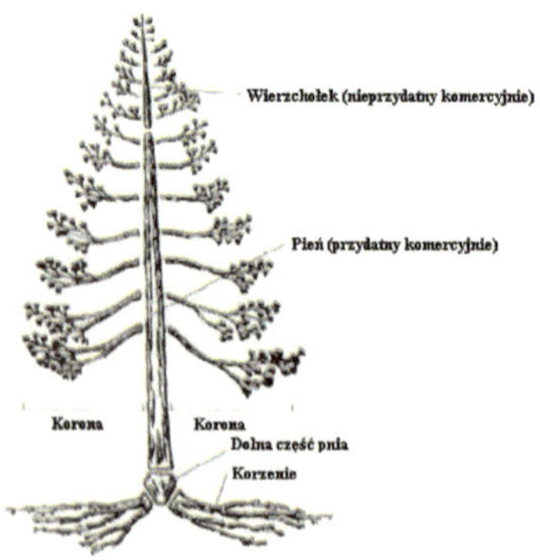

Tab. A.1 - Skład chemiczny drewna (Dinwoodie, 2000)

Komponent	Udział masowy		Stan polimeryzacji	Pochodzenie cząsteczkowe	Funkcja w materiale
	Drzewa miękkie (przeważnie iglaste) (%)	Drzewa twarde (przeważnie liściaste) (%)			
Celuloza	42 ±2	45 ±2	Krystaliczne, wysoce uporządkowane, duże linearne molekuły	glukoza	włókna
Hemiceluloza	27 ±2	30 ±5	Semi-krystaliczne, mniejsze molekuły	galaktoza, mannoza, ksyloza	lepiszcze
Lignina	28 ±3	20 ±4	Amorficzne, duże trójwymiarowe molekuły	fenylopropan	lepiszcze
Żywice	3 ±2	5 ±2	Zasadniczo komponenty rozpuszczalne w substancjach organicznych	terpeny, polifenole, stylbenzoidy	subst. w stanie ciekłym w obiegu płynów

Logistyka paliwowa w jej wczesnym etapie (pozyskanie) ma także pewien wpływ na wspomniane wcześniej parametry biomasy. Suszenie na otwartym powietrzu może znacznie obniżyć wilgotność biomasy. W przypadku pozyskiwania grubizny dosyć łatwo jest podzielić drewno według gatunków (ścinanych drzew) zaś w przypadku odpadowej biomasy drzewnej, ze względu na nakład pracy, nie jest to praktykowane. Prowadzi to do większej zmienności parametrów tak pozyskanego paliwa. Natomiast można do pewnego stopnia przewidzieć przedział, w jakim oscylować będą wartości podstawowych parametrów, gdyż zasoby leśne są obiektem szczegółowej inwentaryzacji za strony nadleśnictw, a skład gatunkowy wycinanych drzewostanów jest znany przed rozpoczęciem cięć. W przypadku biomasy tego typu największy udział w kosztach ma koszt operacji związanych z transportem oraz samego transportu ze względu na relatywnie niewielką gęstość nasypową (*Rys. A.4*). Stawia to duże wymagania w zakresie dobrej organizacji logistyki paliwowej i jej zintegrowania z gospodarką leśną.

Istotnym elementem logistyki paliwowej są także operacje związane z samym transportem biomasy, czyli operacje załadunku i rozładunku oraz zmiana fizycznej postaci paliwa w celu zwiększenia gęstości nasypowej (zrębkowanie, paletyzacja). Brak należytej staranności przy zbiórce biomasy oraz załadunku i rozładunku może prowadzić do zanieczyszczenia biomasy substancjami z gleby co skutkuje zwiększonym udziałem substancji mineralnej.

Tab. A.2a - Wybrane parametry biomasy dla drewna miękkiego - oprac. na podst. (J.Richardson, 2002), (Rybak, 2006)

Parametr	Jednostka	Drewno miękkie				
		Pień	Kora	Konary i gałęzie	Listowie / igliwie	Całe drzewo
Cz. lotne	%	80,0-85,1	69,0-72,6	**	**	**
Popiół	%	0,3-0,6	2,6-3,2	1,0-1,9	2,4-5,1	0,8-1,6
Skład pierwiastkowy *						
C	%	~52,1	52,1-55,2	**	~51,0	~50,7
H	%	~6,4	5,6-5,8	**	~6,1	~6,2
O	%	38,0-42,0	24,3-42,4	**	**	38,0-45,0
S	%	~ 0,01	~0,04	~0,02	~0,07	~0,02
Cl	%	0,01-0,03	0,01-0,03	**	~0,04	**
N	%	0,1-0,5	0,3-0,8	**	1,0-2,0	**
P	%	~ 0,01	~ 0,08	~ 0,04	~ 0,16	~ 0,03
K	%	~ 0,06	~ 0,29	~ 0,18	~ 0,60	~ 0,15
Ca	%	~ 0,12	~ 0,85	~ 0,34	~ 0,50	~ 0,28
Mg	%	~ 0,02	~ 0,08	~ 0,05	~ 0,09	~ 0,05
Pierwiastki śladowe *						
Mn	mg/kg	~147	~507	~261	~748	~269
Fe	mg/kg	~41	~60	~101	~94	~85
Zn	mg/kg	~13	~75	~44	~75	~30
B	mg/kg	~3	~12	~7	~9	~6

Tab. A.2b - Wybrane parametry biomasy dla drewna twardego oraz upraw SRC - oprac. na podst. (J.Richardson, 2002), (Rybak, 2006)

Parametr	Jedn.	Drewno twarde					Wierzba (SRC)
		Pień	Kora	Konary i gałęzie	Listowie / igliwie	Całe drzewo	
Cz. lotne	%	70,0-83,8	71,0-77,0	**	**	**	>70
Popiół	%	0,5-1,6	2,2-8,0	1,2-2,3	3,0-9,6	1,0-2,1	1,1-4,0
Skład pierwiastkowy *							
C	%	51,8	51,7-57,5	**	~51,2	~49,0	47,0-51,0
H	%	~6,2	5,7-5,9	**	~5,9	~6,0	5,8-6,7
O	%	42,1-43,9	24,3-42,4	**	**	38,0-45,0	40,0-46,0
S	%	~ 0,01	~0,04	~0,02	~0,10	~0,02	0,02-0,10
Cl	%	0,01-0,03	0,01-0,03	**	~0,04	**	0,02-0,05
N	%	0,1-0,5	0,3-0,8	**	1,0-2,0	**	0,2-0,8
P	%	~ 0,02	~ 0,09	~ 0,06	~ 0,21	~ 0,05	**
K	%	~ 0,08	~ 0,37	~ 0,21	~ 1,17	~ 0,21	0,2-0,5
Ca	%	~ 0,08	~0,85	~ 0,41	~ 1,10	~ 0,25	0,2-0,7
Mg	%	~ 0,02	~ 0,07	~ 0,05	~ 0,19	~ 0,04	**
Pierwiastki śladowe *							
Mn	mg/kg	~34	~190	~120	~867	~83	**
Fe	mg/kg	~20	~191	~47	~135	~27	**
Zn	mg/kg	~16	~131	~52	~269	~39	**
B	mg/kg	~2	~17	~7	~21	~6	**

* - względem suchej masy

** - brak danych

Biomasa leśna cechuje się stosunkowo dużą wilgotnością oscylującą pomiędzy 35% a 65% zaraz po wyrębie. Pozostawienie biomasy na miejscu wycinki pozwala obniżyć jej wilgotność do około 25% - 45%. Wskazuje to na dosyć dużą ilość wilgoci przemijającej. Temperatura topliwości popiołów w przypadku biomasy leśnej oscyluje w granicach 1000 °C do 1400 °C dla zrębków, 1400 °C do 1700 °C dla kory oraz 1300 °C do 1700 °C dla pnia.

Wartość opałową drewna można oszacować jedynie na podstawie wilgotności za pomocą zmodyfikowanego wzoru (*2.4*):

$$W_d = 19,2 \cdot (1 - f_w) - 2,679 \cdot f_w \quad [MJ / kg] \qquad (A.1)$$

Jest on prawdziwy dla zawartości popiołu do 1,5 %. Współczynnik na początku wzoru ma wyższą wartość niż w (*2.4*) ze względu na większą wartość opałową ligniny i żywic w stosunku do celulozy.

Biomasa, którą suszono na wolnym powietrzu osiąga stan powietrzno-suchy, w którym zawartość wody dochodzi do stanu równowagi i dalsze suszenie na wolnym powietrzu nie przynosi rezultatów. Jest to związane z faktem, że wilgoć przemijająca to głównie woda zawarta wewnątrz martwych komórek, transportowana pomiędzy korzeniami a koroną drzewa. Po utracie tej wody jej miejsce zastępuje powietrze, zaś woda związana w komórkach znajduje się w stanie równowagi z powietrzem. Stan równowagi zależny jest od wilgotności powietrza. Dalsze suszenie możliwe jest jedynie dzięki energii dostarczonej z zewnątrz i prowadzi do fizycznej deformacji (kurczenie się) drewna.

Innym źródłem drewna na cele energetyczne są uprawy działająca na zasadzie krótkiej rotacji (ang. SRC - Short Rotation Coppice). Najczęściej są to uprawy wierzby (okres rotacji 2-3 lata) lub topoli (okres rotacji ok. 5 lat. Skład substancji mineralnej zależy od gleby, na której założona jest plantacja oraz od stosowanego nawożenia, zwykle sięgającego 70 - 190 kg/ha nawozów NPK (Biomax). Zawartość mikroelementów zależy od zanieczyszczenia gleby, wód powierzchniowych oraz powietrza. Wierzba dosyć dobrze znosi trudne warunki jest więc często używana do rekultywacji zniszczonych gleb, pomimo to cechuje się dużym poborem substancji odżywczych z gleby co może prowadzić do jej zubożenia i zintensyfikować potrzeby jej nawożenia w przyszłości.

Pewną ilość biomasy ligno-celulozowej można otrzymać także w postaci odpadów poprodukcyjnych z tartaków i zakładów przemysłu meblowego (wióry, pył drzewny). Przy tego rodzaju źródłach biomasa cechuje się zwykle niższą wilgotnością jednak zawiera zanieczyszczenia pochodzenia chemicznego (kleje, farby, lakiery) co stawia większe wymagania co do kontroli emisji.

B) zielna

Biomasa tego typu różni się od drewna zarówno pod względem budowy, składu jak i pod względem wielkości całej rośliny. Inne są proporcje celulozy, hemicelulozy i ligniny co sprawia, że rośliny te nie osiągają takich rozmiarów jak drzewa. Rośliny tego typu dominują w naturze w biocenozach porośniętych roślinnością trawiastą (sawanna, pampa, preria, step). Do grupy tej można zaliczyć uprawiane przez człowieka zboża. Charakterystyczne dla tego typu biomasy jest wysoki (dominujący) udział hemicelulozy w suchej masie (*Tab. A.3*) oraz niewielki w porównaniu do drzew udział ligniny.

Tab. A.3 - Skład chemiczny słomy, dla poszczególnych elementów morfologicznych (Pastre, 2002)

Substancja	Jednostka	Słoma		
		Łodyga	Węzeł	Liście
Celuloza	% s.m.	36	31,6	26,6
Hemiceluloza	% s.m.	40,5	31,6	41,8
Lignina	% s.m.	13,5	15,8	7,6
Ekstrakty	% s.m.	3	8	11
Krzemionka (SiO_2)	% s.m.	7	13	13

Tab. A.4 - Wybrane parametry słomy zbóż - oprac. na podst. (Nikolaisen, 1998) (Rybak, 2006)

Parametr	jednostka	Słoma żółta	Słoma szara
Wilgotność	*%*	10 - 20	10 - 20
Części lotne	*%*	70 - 80	70 - 80
Popiół	*%*	4 - 5	~3
C	*% s.m.*	42,0 - 48,0	43,0 - 48,0
H	*% s.m.*	5,0 - 6,0	5,2 - 6,0
O	*% s.m.*	36,0 - 48,0	36,0 - 48,0
Cl	*% s.m.*	0,75 - 0,97	0,14 - 0,20
N	*% s.m.*	0,30 - 0,60	0,30 - 0,60
S	*% s.m.*	0,05 - 0,20	0,05 - 0,20
K	*% s.m.*	~1,30	~0,70
Ca	*% s.m.*	~0,60	~0,10
Ciepło spalania	*MJ/kg*	~18,2	~18,7
Wartość opałowa	*MJ/kg*	~14,4	~15,0

Największy udział wśród biomasy zielnej stanowi słoma pozyskiwana jako produkt uboczny uprawy zbóż. Słomę dzieli się na żółtą i szarą (*Tab. A.4*). Rozróżnienie jest efektem zabiegów agrotechnicznych. Słoma żółta jest zbierana zaraz po zbiorach zboża. Słoma szara to słoma, która przez pewien czas (zwykle 1 - 2 tygodnie) jest pozostawiona na polu. Po pewnym czasie zmienia ona kolor. Jest to związane z utratą przez tę słomę (przez wypłukanie) części substancji mineralnych. Charakterystyczny jest znacznie mniejszy w stosunku do słomy żółtej udział chloru, potasu i wapnia. Ilość zbieranej słomy najczęściej jest odnoszona do plonu z hektara i określana za pomocą bezwymiarowego współczynnika ***RPR*** (ang. Residue to Product Ratio - stosunek odpadów do produktu):

$$RPR = \frac{m_{ziarna}}{m_{słomy}} \tag{A.2}$$

gdzie:

m_{ziarna} - plon z hektara

$m_{słomy}$ - masa słomy zebrana z hektara

Współczynnik RPR zależy w głównej mierze od czynników agrotechnicznych (wykorzystywanych maszyn rolnych i gatunków zbieranych zbóż).

Większa część powierzchni tego typu biomasy bierze czynny udział w procesie fotosyntezy, co powoduje że udział chloru jest stosunkowo wysoki (chlor jest podstawowym budulcem chlorofilu). Biomasa tego typu w porównaniu do drewna zawiera mniejsze ilości wody, natomiast większy jest udział substancji mineralnej.

Duży udział popiołu w połączeniu z dużym udziałem hemicelulozy i stosunkowo niewielkim udziałem ligniny sprawiają, że biomasę tego typu cechuje niższe niż w przypadku drewna ciepło spalania. Duży udział chloru, potasu i fosforu oraz substancji mineralnej sprawia duże problemy w większości technologii konwersji energii w postaci osadów i korozji wysokotemperaturowej. Zagrożenie korozja niskotemperaturową jest relatywnie niskie z racji niewielkiej zawartości siarki. Azot stanowi jeden z podstawowych składników nawozów sztucznych i jego zawartość jest wyższa niż w drewnie, jednak emisje tlenków siarki i azotu ogólnie nie stanowią dużego problemu, gdyż ich zawartość jest zdecydowanie niższa w stosunku do paliw kopalnych.

Oprócz słomy zbóż do tego typu biomasy zaliczyć można słomę rzepaku i innych upraw (gryka, itp.). Biomasę tego typu można także uprawiać z przeznaczeniem wyłącznie na cele energetyczne, przy czym uprawiane są gatunki wysokich traw np. miskant olbrzymi lub trzcina cukrowa.

C) odpady wysypiskowe

Do tego rodzaju biomasy można zaliczyć odpady komunalne, z gospodarstw domowych i z różnych zakładów produkcyjnych. Biomasa tego typu może być wykorzystywana jako źródło energii, jednak w jej wypadku należy zachować daleko idącą ostrożność, gdyż zwykle zawiera ona stosunkowo dużo chloru i metali ciężkich (*Tab. A.5*) co może prowadzić do emisji wielu szkodliwych substancji. Kluczem do korzystania z tego zasobu jest uprzednio przeprowadzone sortowanie.

*Tab. A.5 - Wybrane parametry RDF *** dla różnych strumieni odpadów* (Komisja Europejska, 2003)

Parametr	jednostka	MSW **		Przemysłowe		Drewno z wyburzeń
		mieszane	zbiórka selektywna	zbiórka selektywna	monostrumienie *	
Wartość opałowa	MJ/kg	13,3	22,3	20,1	20,1	20,6
Wilgotność	%	24,7	33,6	16,6	11,5	13,4
Popiół	%	16,0	10,2	6,7	9,6	13,8
Chlor	%	0,600	0,400	0,300	0,400	0,700
Fluor	%	0,010	b.d.	b.d.	0,010	0,010
Siarka	%	0,200	0,200	0,100	0,100	0,100
Chlor	% s.m.	0,356	0,225	0,230	0,316	0,510
Fluor	% s.m.	0,006	b.d.	b.d.	0,008	0,007
Siarka	% s.m.	0,119	0,112	0,077	0,079	0,073
Kadm	mg/kg s.m.	0,600	1,200	b.d.	0,800	2,200
Rtęć	mg/kg s.m.	0,400	0,300	0,100	0,200	0,200
Tal	mg/kg s.m.	<0,8	b.d.	b.d.	0,500	0,400
Arszenik	mg/kg s.m.	3,000	8,800	b.d.	1,500	1,000
Kobalt	mg/kg s.m.	3,700	b.d.	b.d.	2,000	2,900
Nikiel	mg/kg s.m.	21,5	20,0	b.d.	6,2	13,1
Selen	mg/kg s.m.	< 2,0	b.d.	b.d.	1,000	0,400
Telur	mg/kg s.m.	< 1,0	b.d.	b.d.	1,000	0,400
Antymon	mg/kg s.m.	10,1	b.d.	b.d.	9,4	10,8
Beryl	mg/kg s.m.	0,200	b.d.	b.d.	0,200	0,200
Ołów	mg/kg s.m.	121,0	52,4	b.d.	25,0	89,0
Chrom	mg/kg s.m.	70,0	140,0	b.d.	20,0	48,0
Miedź	mg/kg s.m.	59,9	80,0	b.d.	48,0	97,5
Mangan	mg/kg s.m.	b.d.	210,0	b.d.	28,0	61,0
Vanad	mg/kg s.m.	6,6	b.d.	b.d.	3,3	3,6
Cyna	mg/kg s.m.	10,5	b.d.	b.d.	7,0	4,0
Cynk	mg/kg s.m.	225,0	340,0	b.d.	b.d.	b.d.
PCB (suma)	wg. DIN 51527	b.d.	b.d.	b.d.	0,200	0,200

* - strumienie odpadów z dominującym udziałem jednej substancji odpadowej (wartości uśrednione na podstawie odpadów z wielu różnych procesów)

** - odpady komunalne stałe (ang. Municipal Solid Waste)

*** - Paliwo uzyskane z odpadów (ang. Refuse Derrived Fuel)

Biomasa tego typu, w najwyższym stopniu, wykorzystywana jest w krajach o rozwiniętej gospodarce odpadami, w których społeczeństwa cechuje wysoka świadomość ekologiczna. Cechą charakterystyczną tego typu biomasy jest duży udział niepalnej substancji mineralnej.

Część odpadów wysypiskowych może zostać wykorzystana jako paliwo RDF (ang. Refuse Derived Fuel - Paliwo otrzymane z odpadów). Są to zwykle frakcje o niższej wilgotności i wyższej wartości opałowej. Można je wykorzystać w procesach spalania lub zgazowania, jednak niezwykle ważna jest w tym wypadku kontrola emisji.

Bardziej wilgotne frakcje także można spalić, jednak nie jest to proces optymalny pod względem bilansu cieplnego. Znacznie bardziej racjonalnym wydaje się wykorzystanie frakcji w procesach metanowej fermentacji beztlenowej (produkcja biogazu). Do procesów wytwarzania biogazu przygotowanych do wykorzystania tego typu wsadu należą m.in. (Verma, 2002) , (Sims, 2002):

- Valorga
- Shubio (wcześniej Vabio)
- DRANCO
- BTA

Wykres A.1 - Podział odpadów wysypiskowych na możliwe do odsortowania frakcje - skład odpadów wysypiskowych z aglomeracji Nowojorskiej (Verma, 2002) *- frakcje „niewysunięte" nadają się do wykorzystania jako RDF; frakcje zilustrowane na wykresie jako „częściowo wysunięte" są zbyt wilgotne, natomiast nadają się do wykorzystania w procesie wytwarzania biogazu; frakcje „najbardziej wysunięte" nie nadaja się do celów energetycznych.*

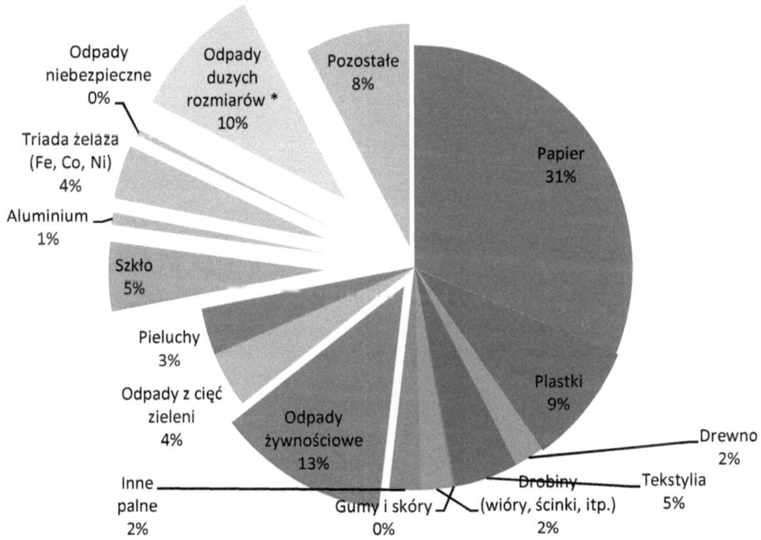

Wykres A.2 - Odpady wysypiskowe z aglomeracji Nowy Jork - typowe wartości opałowe oraz ich wilgotności dla poszczególnych frakcji oraz ich porównanie do wartości opałowej różnych substancji organicznych

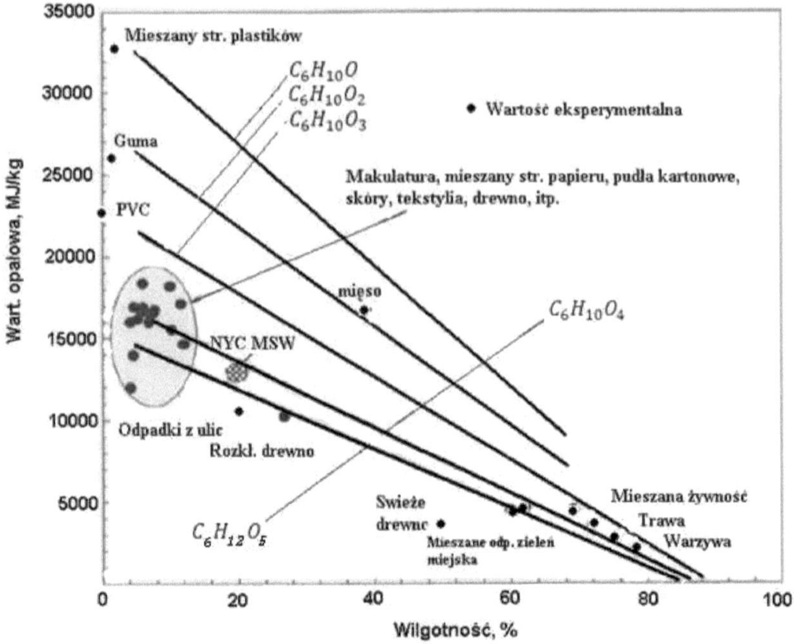

D) produkty uboczne procesu trawienia

Biomasę tego typu charakteryzuje wysoka wilgotność, co w skrajnych przypadkach może prowadzić do osiągania przez nią wartości opałowej bliskiej zeru lub nawet ujemnej. Istnieje możliwość usunięcia części wilgoci np. poprzez wykorzystanie centryfugi lub suszenie. Z punktu widzenia bilansu cieplnego nie jest to jednak opłacalne (Sims, 2002) , (Rosillo-Calle, 2007). Zgazowanie i spalanie są w tym wypadku bardziej metodą utylizacji niż pozyskania energii. Tego typu biomasa świetnie nadaje się do wykorzystania w procesie fermentacji beztlenowej (biogazownia).

Do wyżej wymienionego typu biomasy zakwalifikować można między innymi:

- osady ściekowe
- gnojowica (wraz ze ściółką)
- odpady browarnicze i gorzelniane
- warzywa i owoce, które utraciły przydatność do spożycia